T0255225

MATHEMATIQUES
&
APPLICATIONS

Directeurs de la collection:
J. M. Ghidaglia et X. Guyon

29

Springer
Paris
Berlin
Heidelberg
New York
Barcelone
Budapest
Hong Kong
Londres
Milan
Santa Clara
Singapour
Tokyo

Bernard Lapeyre Étienne Pardoux
Rémi Sentis

Méthodes de Monte-Carlo
pour les équations
de transport et de diffusion

Springer

Bernard Lapeyre
CERMICS
École Nationale des Ponts et Chaussées
6 et 8, avenue Blaise Pascal, F-77455 Marne-La Vallée, France

Étienne Pardoux
Université de Provence
LATP, Centre de Mathématiques et d'Informatique
39, rue F. Joliot-Curie, F-13453 Marseille, France

Rémi Sentis
Commissariat à l'Énergie Atomique Bruyères-le-Châtel, M.L.,
B. P. 12, F-91680 Bruyères-le-Châtel, France

Mathematics Subject Classification:
60G35 60J65 60J70 60J75 35K15 35K22 35K05 35Q80 62D05 36Q80 65R05
65R20 65U05

ISBN 978-3-540-63393-8 Springer-Verlag Berlin Heidelberg New York

Tous droits de traduction, de reproduction et d'adaptation réservés pour tous pays.
La loi du 11 mars 1957 interdit les copies ou les reproductions destinées à une utilisation collective. Toute représentation, reproduction intégrale ou partielle faite par quelque procédé que ce soit, sans le consentement de l'auteur ou de ses
ayants cause, est illicite et constitue une contrefaçon sanctionnée par les articles 425 et suivants du Code pénal.

© Springer-Verlag Berlin Heidelberg 1998
Imprimé en Allemagne

SPIN: 11493143   46/3111- 5 4 3 2 1   - Imprimé sur papier non acide

Table des matières

Introduction

On désigne par le vocable générique de "méthode de Monte-Carlo" toute méthode numérique utilisant le tirage de nombres aléatoires. Elles sont très utilisées dans de nombreux domaines, en particulier en physique nucléaire, en physique statistique et en statistique. Par ailleurs, elles connaissent des variantes en traitement du signal – sous l'appellation d'algorithmes d'approximation stochastique, et en optimisation – la célèbre méthode du "recuit simulé". Dans ce livre, à l'exception du premier chapitre concernant le calcul de quantités numériques simples (telles que des intégrales), nous n'étudierons ces méthodes que pour la résolution numériques de certaines équations aux dérivées partielles. Dans ce cadre, elles s'apparentent alors aux méthodes particulaires aléatoires.

Bien que remises à la mode à cause notamment de l'augmentation de la puissance de calcul des ordinateurs et de la généralisation des calculateurs vectoriels et parallèles, les méthodes de Monte-Carlo ont souvent mauvaise presse. Elles ont la réputation de converger lentement et d'être peu fiables. En outre, leur justification mathématique n'est pas toujours claire, et elles sont souvent utilisées sans que l'on dispose de démonstration de leur convergence. Certaines de ces critiques sont largement fondées, et la lenteur de leur convergence en fait une méthode qu'il convient d'utiliser essentiellement dans des situations (et elles sont nombreuses !) où l'on ne dispose pas d'autre méthode numérique efficace. Par contre, si les méthodes de Monte-Carlo ne convergent pas toujours (et peuvent présenter des phénomènes de "fausse convergence"), comme on le verra ci-dessous dès le chapitre 1 sur un exemple simple, *il est toujours possible*, à l'aide d'un calcul supplémentaire peu coûteux, *de contrôler la fiabilité du résultat obtenu*. Ce point est absolument essentiel et devrait être bien connu de tous les utilisateurs des méthodes de Monte-Carlo.

Ainsi que cela sera explicité dans le chapitre 1, la convergence des méthodes de Monte-Carlo est basée sur la loi des grands nombres et sur l'interprétation de la quantité à évaluer comme une espérance mathématique. Pour résoudre numériquement des équations aux dérivées partielles par Monte-Carlo (et être assuré de la convergence du résultat), il convient donc de donner une représentation probabiliste de la solution de ces équations. Cet aspect de la théorie est largement abordé ici dans le cadre des équations linéaires. Nous chercherons donc systématiquement à interpréter des équations de type transport ou de type diffusion comme des équations de Fokker-Planck (ou de Kolmogorov) associées à des Processus de Markov (ainsi certaines formules probabilistes pour des équations "du type Fokker-Planck" pourraient bien être nouvelles). Par contre, nous n'approfondirons pas ici les aspects théoriques liés à la représentation probabiliste des équations aux dérivées partielles non linéaires, en particulier de l'équation de Boltzmann (cela aurait conduit à des développements mathématiques qui dépassent les objectifs de cet ouvrage). Pour cette dernière équation, nous donnons seulement un aperçu d'un résultat d'approximation de la solution par l'espérance mathématique d'une certaine fonctionnelle, mais l'étude systématique de la convergence de la méthode n'est pas abordée.

Notre texte est organisé de la façon suivante. Le chapitre 1 présente la méthode de Monte-Carlo pour le calcul d'intégrales, et en étudie les propriétés et les limitations. Plusieurs idées de base – essentielles dans l'utilisation des méthodes de Monte-Carlo pour la résolution numérique d'équations aux dérivées partielles – sont introduites ici, notamment la vitesse de convergence, le contrôle de la variance et les méthodes de réduction de variance. Nous recommandons vivement au lecteur de lire soigneusement ce chapitre, même s'il lui paraît élémentaire. Le chapitre 2 présente l'interprétation probabiliste des équations de transport qui interviennent notamment en physique des particules. Le chapitre 3 détaille le principe et la mise en oeuvre de la méthode de Monte-Carlo pour ces équations de transport. Dans le chapitre 4, on aborde la méthode pour l'équation de transport non linéaire de Boltzmann. Le chapitre 5 présente les liens entre les équations aux dérivées partielles du second ordre -du type diffusion- et le mouvement brownien et les processus de diffusion, puis il présente le principe des méthodes de Monte-Carlo pour ce type d'équations.

Nous nous sommes efforcés pour chaque type de problèmes de bien faire ressortir les limites de la méthode et d'autre part de décrire les techniques spécifiques utilisées dans la pratique (sans toutefois entrer trop précisément dans les détails des algorithmes).

Cet ouvrage s'adresse à des mathématiciens, mécaniciens et physiciens ayant de bonnes bases en analyse (les principales notions de probabilités utilisées seront rappelées au fur et à mesure de leur usage). Nous espérons qu'il leur permettra de mieux comprendre les bases des méthodes de Monte-Carlo, ainsi que les règles à observer pour leur utilisation.

Cet ouvrage est une version remaniée des notes d'un cours présenté par les auteurs en préliminaire au 25ème Congrès d'Analyse Numérique, les 22 et 23 mai 1993. Nous remercions Jean-Marie Crolet, du Laboratoire de Calcul Scientifique de Besançon, organisateur du Congrès, qui nous a invités à faire ce cours, ainsi que les auditeurs qui ont eu le courage de nous suivre, sur un sujet qui était en général très nouveau pour eux, ainsi que J.M. Depinay qui nous a fourni un exemple numérique complet, enfin A. Cossu qui a contribué à la dactylographie de ce document.

                                                                        Les auteurs

Chapitre 1

Méthodes de Monte-Carlo et Calcul d'intégrales

On fait remonter la naissance de la méthode de Monte-Carlo au comte de Buffon qui, en 1777, a décrit une méthode restée célèbre de calcul de π basée sur la réalisation d'expériences répétées. Mais la vraie naissance de la méthode de Monte-Carlo est liée à l'apparition des premiers ordinateurs et à leur utilisation dans le cadre des projets secrets du département de la défense des États Unis dans les années 40-45 en vue de la conception des premières bombes atomiques. L'un des premier article sur le sujet fut publié en 1949 [MU49]. Les précurseurs de ces méthodes s'appellent Ulam, Von Neumann, Metropolis, ...

Pour donner une première idée de la méthode de Monte-Carlo, considérons le problème de l'intégration numérique. On sait qu'il existe de très nombreuses méthodes d'approximation numérique de l'intégrale :

$$\int_{[0,1]} f(x)dx$$

par des formules du type $\sum_{i=0}^{n} w_i f(x_i)$, avec les w_i qui sont des nombres positifs de somme 1 et les x_i qui sont des points de l'intervalle $[0,1]$. Par exemple, lorsque $w_0 = w_n = 1/(2n)$, $w_i = 1/n$ sinon, les points $x_i = i/n$ étant régulièrement répartis, on a affaire à la méthode des trapèzes. Mais il existe bien d'autres méthodes comme la méthode de Gauss ou de Simpson. Une méthode de Monte-Carlo est du même type : on choisit $w_i = 1/n$ et l'on tire les x_i "au hasard" (mais pas n'importe comment, il faut tirer les points selon la loi uniforme sur $[0,1]$). Cette méthode converge avec une vitesse de l'ordre de $K/\sqrt{n}$. Évidemment cette vitesse de convergence peut paraître faible si on la compare aux autres méthodes d'intégration en dimension 1. Mais toutes ces méthodes numériques s'effondrent lorsque la dimension augmente (il faut typiquement avoir n^d points, où d est la dimension, pour avoir une erreur constante). Le gros avantage de la méthode de Monte-Carlo est d'être absolument insensible à la dimension.

1.1   Rappels de probabilités

Une *variable aléatoire* est une fonction définie sur un ensemble Ω qui prend ses valeurs dans un autre ensemble E. On note par ω un élément générique de Ω et une variable aléatoire par X (ou au moins par une lettre majuscule!) :

$$X : \Omega \to E.$$

On suppose de plus que cette application respecte une structure mesurable : Ω est muni d'une tribu $\mathcal{A}$, E d'une tribu $\mathcal{E}$ et l'application X de Ω dans E est mesurable au sens où $\{X \in F\} \in \mathcal{A}$ pour tout $F \in \mathcal{E}$.

Dans tous les cas que nous traitons E sera égal à $\mathbf{R}^d$ et $\mathcal{E}$ à la tribu borélienne de $\mathbf{R}^d$.

Il reste à pondérer les différentes réalisations ω de Ω. On fait ceci, à l'aide d'une mesure positive sur $(\Omega, \mathcal{A})$ de masse totale 1 notée traditionnellement $\mathbf{P}$, que l'on appelle la *probabilité*.

Lorsque X prend ses valeurs dans $\mathbf{R}$ (et plus généralement dans $\mathbf{R}^d$), cette mesure $\mathbf{P}$ permet de calculer l'*espérance* de X que l'on note traditionnellement par $\mathbf{E}(X)$:

$$\mathbf{E}(X) = \int_\Omega X(\omega) d\mathbf{P}(\omega).$$

L'espérance n'est définie que si $E(|X|) = \int_\Omega |X(\omega)| d\mathbf{P}(\omega) < +\infty$.

La *loi* de la variable aléatoire X est la mesure image de $\mathbf{P}$ par l'application X. C'est une mesure sur E que l'on notera μ_X. La loi de X sous $\mathbf{P}$, μ_X, est caractérisée par la propriété suivante, pour tout application f de E dans $\mathbf{R}$ mesurable et positive (ou bornée) :

$$\mathbf{E}\left(f(X)\right) = \int_E f(x) d\mu_X(x).$$

On dit que deux variables aléatoires X_1 et X_2 sont indépendantes si l'on a pour toutes fonctions mesurables positives f_1 et f_2 :

$$\mathbf{E}\left(f_1(X_1)f_2(X_2)\right) = \mathbf{E}\left(f_1(X_1)\right)\mathbf{E}\left(f_2(X_2)\right).$$

De même, n variables aléatoires $X_1, \dots, X_n$ sont indépendantes si l'on a pour toutes fonctions mesurables positives $f_1, \dots, f_n$:

$$\mathbf{E}\left(f_1(X_1)\dots f_n(X_n)\right) = \mathbf{E}\left(f_1(X_1)\right)\dots\mathbf{E}\left(f_n(X_n)\right).$$

Enfin, une suite de variables aléatoires $(X_1, \dots, X_n, \dots)$ est une suite de variables aléatoires indépendantes si toute sous-suite finie est indépendante. Pour une introduction plus approfondie à la théorie des Probabilités on se référera par exemple à [Bou86] ou [Bre68].

1.2 Description de la méthode de Monte-Carlo

Pour utiliser une méthode de Monte-Carlo on doit tout d'abord mettre sous forme d'une espérance la quantité que l'on cherche à calculer. C'est souvent simple, comme pour le cas d'un calcul d'intégrale, mais cela peut être plus compliqué, comme lorsque l'on cherche à résoudre une équation parabolique, elliptique ou même un système linéaire. Nous reviendrons longuement par la suite sur cette étape.

A l'issue de cette étape, il reste à calculer une quantité de la forme $\mathbf{E}(X)$, où X est une variable aléatoire. Pour pouvoir calculer $\mathbf{E}(X)$ il convient de savoir *simuler* une variable aléatoire selon la loi de X. Mathématiquement, cela signifie que l'on suppose que l'on dispose de la réalisation d'une suite de variables aléatoires indépendantes $(X_i, i \geq 1)$ suivant toutes la loi de X.

Informatiquement, on ramène la simulation d'une loi arbitraire à celle d'une suite de variables aléatoires indépendantes suivant une loi uniforme sur l'intervalle $[0, 1]$ (On trouvera dans la section 1.6 de indications pour simuler certaines lois usuelles). Ce genre de suite aléatoire est souvent fourni dans les langages de programmation (`rand` en C, `g05caf` et autres dans `NAG`, etc ...). Il ne reste plus alors qu'à approximer $\mathbf{E}(X)$ par :

$$\mathbf{E}(X) \approx \frac{1}{N}(X_1 + \cdots + X_N).$$

On va donner un exemple d'application de la méthode de Monte-Carlo, au cas du calcul d'une intégrale, en détaillant les deux étapes citées : mise sous forme d'espérance et simulation de la variable aléatoire.

Imaginons que l'on cherche à calculer une intégrale de la forme :

$$I = \int_{[0,1]^d} f(u_1, \ldots, u_d) du_1 \ldots du_d.$$

On pose, $X = f(U_1, \ldots, U_d)$, où les $U_1, \ldots, U_d$ sont des variables aléatoires indépendantes suivant la loi uniforme sur l'intervalle $[0, 1]$. On a :

$$\mathbf{E}(X) = \mathbf{E}\left(f(U_1, \ldots, U_d)\right) = \int_{[0,1]^d} f(u_1, \ldots, u_d) du_1 \ldots du_d,$$

par définition de la loi du $n-$uplet, $(U_1, \ldots, U_d)$. On vient de réaliser la première étape (mise sous forme d'espérance).

Pour la simulation, supposons que $(U_i, i \geq 1)$ soit une suite de variables aléatoires indépendantes suivant une loi uniforme sur $[0, 1]$ (obtenue par des appels successifs à une fonction `random`) et posons $X_1 = f(U_1, \ldots, U_d)$, $X_2 = f(U_{d+1}, \ldots, U_{2d})$, etc. Alors la suite $(X_i, i \geq 1)$ est une suite de variables aléatoires indépendantes suivant toutes la loi de X et une bonne approximation de I est donnée par:

$$\frac{1}{N}(X_1 + \cdots + X_N).$$

Une remarque importante est la très grande facilité de programmation de la méthode. Il est à noter aussi que l'applicabilité cette méthode ne dépend pas de la régularité de f, qui peut être simplement mesurable.

Souvent, on cherche à évaluer une intégrale dans $\mathbf{R}^d$, plus générale, du type :

$$I = \int_{\mathbf{R}^d} g(x)f(x)dx = \int_{\mathbf{R}^d} g(x_1,\dots,x_d)f(x_1,\dots,x_d)dx_1\dots dx_d,$$

avec $f(x)$ positive et $\int f(x)dx = 1$. Alors I s'écrit sous la forme $\mathbf{E}(g(X))$ si X est une variable aléatoire à valeurs dans $\mathbf{R}^d$ de loi $f(x)dx$. On peut donc approcher I par :

$$I \approx \frac{1}{N}\sum_{i=1}^N g(X_i),$$

si $(X_i, i \geq 0)$ est un échantillon tiré selon la loi $f(x)dx$. Le problème est alors de savoir comment simuler une variable aléatoire selon cette loi. Pour les lois usuelles on sait résoudre ce problème (quelques méthodes couramment utilisées sont présentées à la section 1.6).

Nous allons maintenant répondre à deux questions :

- Quand et pourquoi cet algorithme converge-t-il?

- Quelle idée peut on se faire de la précision de l'approximation?

1.3   Convergence et limites de la méthode

1.3.1   Théorèmes de convergence

La réponse à ces deux questions est donnée par deux des théorèmes les plus importants du calcul des probabilités, la loi forte des grands nombres qui permet de justifier la convergence de la méthode et le théorème de la limite centrale qui précise la vitesse de convergence.

La loi forte des grands nombres et la méthode de Monte-Carlo

Théorème 1.3.1 *Soit $(X_i, i \geq 1)$ une suite de variables aléatoires indépendantes suivant toutes la même loi qu'une variable aléatoire X. On suppose que $\mathbf{E}(|X|) < +\infty$. Alors, pour presque tout ω (cela signifie qu'il existe $N \subset \Omega$, avec $\mathbf{P}(N) = 0$ et que si $\omega \notin N$) :*

$$\mathbf{E}(X) = \lim_{n\to+\infty}\frac{1}{n}(X_1(\omega) + \cdots + X_n(\omega)).$$

Ce théorème impose une limite théorique aux méthodes de Monte-Carlo : on ne peut l'utiliser que pour des variables aléatoires intégrables (ce n'est pas vraiment surprenant).

Théorème de la limite centrale et méthode de Monte-Carlo Pour avoir une idée de l'intérêt de la méthode il faut être en mesure d'évaluer l'erreur :

$$\epsilon_n = \mathbf{E}(X) - \frac{1}{n}(X_1 + \cdots + X_n).$$

Le théorème de la limite centrale donne un asymptotique de l'erreur ϵ_n mais de nature aléatoire. Il dit que la loi de ϵ_n finit par ressembler à une loi gaussienne centrée.

Théorème 1.3.2 *Soit $(X_i, i \geq 1)$ est une suite de variables aléatoires indépendantes suivant toutes la même loi qu'une variable aléatoire X. On suppose que $\mathbf{E}(X^2) < +\infty$. On note σ^2 la variance de X :*

$$\sigma^2 = \mathbf{E}(X^2) - \mathbf{E}(X)^2 = \mathbf{E}\left((X - \mathbf{E}(X))^2\right),$$

alors :

$$\frac{\sqrt{n}}{\sigma}\epsilon_n \text{ converge en loi vers } G,$$

G étant une variable aléatoire suivant une loi gaussienne centrée réduite G.

Cela signifie que G est une variable aléatoire de loi $e^{-x^2/2}(dx/\sqrt{2\pi})$ et que si f est une fonction continue bornée, $\mathbf{E}(f(\frac{\sqrt{n}}{\sigma}\epsilon_n))$ converge vers $\mathbf{E}(f(G))$.

Remarque : On peut déduire du théorème précédent que pour tout $c_1 < c_2$:

$$\lim_{n \to +\infty} \mathbf{P}\left(\frac{\sigma}{\sqrt{n}}c_1 \leq \epsilon_n \leq \frac{\sigma}{\sqrt{n}}c_2\right) = \int_{c_1}^{c_2} e^{-\frac{x^2}{2}}\frac{dx}{\sqrt{2\pi}}.$$

Dans les applications pratiques on "oublie le passage à la limite" et on remplace ϵ_n par une gaussienne centrée de variance σ^2/n.

Remarque : Notons que le théorème de la limite centrale ne permet jamais de borner l'erreur, puisque le support de la gaussienne est égal à $\mathbf{R}$ en entier. On présente souvent l'erreur de la méthode de Monte-Carlo soit en donnant l'écart type de ϵ_n, c'est à dire $\sigma/\sqrt{n}$, soit en donnant un intervalle de confiance à 95% pour le résultat. Ceci signifie que le résultat cherché se trouve avec 95% de chance dans l'intervalle donné (et avec 5% de chance en dehors). Évidemment, la valeur de 95% peut être remplacée par n'importe quelle autre valeur proche de 1. Comme :

$$\mathbf{P}\left(|G| \leq 1.96\right) \approx 0.95,$$

on est conduit à un intervalle de confiance du type :

$$\left[m - 1.96\frac{\sigma}{\sqrt{n}}, m + 1.96\frac{\sigma}{\sqrt{n}}\right].$$

Il faut aussi noter la vitesse de convergence de l'erreur en $1/\sqrt{n}$, qui n'est pas dans l'absolu excellente. Cependant, il existe des cas où cette méthode lente est malgré tout la meilleure accessible (intégrale en dimension grande de l'ordre de 100, équation parabolique en dimension 50, ...). Il est aussi remarquable que la vitesse de convergence de la méthode, pour des calculs d'intégrale, ne dépende pas de la régularité de f.

1.3.2   Estimation de la variance d'un calcul

Le résultat précédent montre qu'il est important de connaitre l'ordre de grandeur de la variance σ de la variable aléatoire que l'on calcule à l'aide d'une méthode de Monte-Carlo, puisque cela donne une idée de l'erreur de calcul. Il est facile d'estimer cette variance. On verra qu'il existe de nombreuses techniques de réduction de variance (voir la section 1.4) et dans certains cas la mise en oeuvre d'une de ou plusieurs de ces techniques est indispensable si on veut obtenir un résultat fiable sans avoir à effectuer un nombre prohibitif de réalisations.

Reprenons les notations du paragraphe précédent, (X est une variable aléatoire à valeurs dans $\mathbf{R}^d$ de loi $f(x)dx$). On désire évaluer une intégrale du type :

$$I = \int_{\mathbf{R}^d} x f(x) dx = \mathbf{E}(X)$$

Soit X_i des réalisations indépendantes selon la loi de X, on peut donc approcher I par $\bar{I}_N$ avec :

$$\bar{I}_N = \frac{1}{N} \sum_{i=1}^{N} X_i,$$

quand $N \to \infty$. Il est bien connu que l'on peut, aussi, obtenir un estimateur sans biais de la variance de X grâce à la formule :

$$\mathbf{V} = \frac{1}{N-1} \sum_{i=1}^{N} \left(X_i - \bar{I}_N \right)^2,$$

$\mathbf{V}$ est souvent appelée la variance empirique de l'échantillon. On peut alors obtenir un intervalle de confiance approché à 95% en posant $\bar{\sigma} = \sqrt{\mathbf{V}}$ et en remplaçant dans l'intervalle de confiance donné par le théorème de la limite centrale σ par $\bar{\sigma}$. On obtient ainsi un intervalle de confiance pour I :

$$\left[\bar{I}_N - \frac{2\bar{\sigma}}{N}, \bar{I}_N + \frac{2\bar{\sigma}}{N} \right]$$

On voit donc que, sans pratiquement aucun calcul supplémentaire, (simplement en évaluant $\bar{\sigma}$ sur l'échantillon déjà tiré), on a ainsi pu donner une estimation très souvent fiable de l'erreur d'approximation de I par $\bar{I}_N$. C'est une des grandes forces de la méthode de Monte-Carlo que de donner une estimation réaliste de l'erreur à un coût minime.

1.3.3 Quelques exemples significatifs

Nous allons donner quelques exemples d'utilisation du théorème de la limite centrale. Nous verrons que ce résultat impose des limites pratiques à la méthode de Monte-Carlo.

Un cas confortable Soit f une fonction mesurable définie sur $[0,1]$ et supposons que l'on cherche à calculer $p = \int_{\{f(x) \geq \lambda\}} dx$ pour une constante donnée λ. Introduisons la variable aléatoire $X = \mathbf{1}_{\{f(U) \geq \lambda\}}$ (où U est une variable aléatoire équidistribuée à valeurs dans $[0,1]$).

Alors $p = \mathbf{E}(X)$, et $\sigma^2 = \mathrm{Var}(X) = p(1-p)$. Donc, à l'issu de n tirages indépendants selon la loi de X, $X_1, \ldots, X_n$ on a :

$$p_n = \frac{X_1 + \cdots + X_n}{n} \approx p + \frac{\sigma}{\sqrt{n}} G.$$

Comme $p(1-p) \leq 1/4$, si l'on veut que l'écart-type de l'erreur $\frac{\sigma}{\sqrt{n}}$ soit majoré par 0.01, il convient de prendre n de l'ordre de 2500. Si l'on choisit, $n = 2500$, l'intervalle de confiance à 95% pour p est alors, en utilisant le théorème de la limite centrale $[p_n - 1.96 \times 0.01, p_n + 1.96 \times 0.01]$. Si la valeur de p à estimer est de l'ordre 0.50 ceci conduit à une erreur acceptable.

Par contre lorsque la valeur de p à estimer est très faible le nombre de tirages précédent est très nettement insuffisant pour évaluer son ordre de grandeur par simulation. On doit (et c'est intuitivement évident) prendre un nombre de tirages nettement supérieur à $1/p$.

Un cas difficile Imaginons que l'on cherche à calculer $\mathbf{E}(\exp(\beta G))$, où G est une variable aléatoire gaussienne centrée réduite. Il est facile de vérifier que :

$$E = \mathbf{E}\left(e^{\beta G}\right) = e^{\frac{\beta^2}{2}}.$$

Si l'on applique dans ce cas une méthode de Monte-Carlo, on pose $X = e^{\beta G}$. La variance de X vaut $\sigma^2 = e^{2\beta^2} - e^{\beta^2}$. Au bout de n tirages selon la loi de X, $X_1, \ldots, X_n$ on a :

$$E_n = \frac{X_1 + \cdots + X_n}{n} \approx E + \frac{\sigma}{\sqrt{n}} G'.$$

la variable aléatoire G' suivant une loi gaussienne centrée réduite. L'erreur relative moyenne est de l'ordre de $\frac{\sigma}{E\sqrt{n}} = \sqrt{\frac{e^{\beta^2}-1}{n}}$. Si l'on se fixe un ordre de

grandeur de l'erreur ϵ à respecter on voit qu'il convient de choisir $n \approx \frac{e^{\beta^2}-1)}{\epsilon^2}$.
Si $\epsilon = 1$ et $\beta = 5$, cela donne $n = 7 \times 10^{10}$, ce qui est beaucoup (et même
trop!). Voici, par exemple, le résultat donné par un programme qui cherche à
estimer cette valeur dans le cas $\beta = 5$.

```
valeur exacte                      :             268 337
100 000 tirages, valeur estimee    :             854 267
intervalle de confiance estime a 95 % : [-467 647,2 176 181] !
```

On constate que l'approximation est très décevante. Mais, et c'est important
de le noter, l'intervalle de confiance calculé contient bien la valeur exacte. C'est
le coté rassurant de la méthode de Monte-Carlo : l'approximation est médiocre,
mais on est au courant de sa qualité!

Cet exemple montre une des limites pratiques de la méthode de Monte-Carlo
lorsqu'on utilise des variables aléatoires de grande variance.

Un exemple plus concret Dans les applications à la finance on est amené
à calculer des quantités du type :

$$C = \mathbf{E}\left(\left(e^{\beta G} - K\right)_+\right), \tag{1.1}$$

G étant une gaussienne centrée réduite et $x_+ = \max(0, x)$. Ces quantités représentent le prix d'une option d'achat, appelée "call" en anglais. Évidemment,
dans le cas précis cité on peut trouver une formule explicite (pour l'essentiel
c'est la célèbre formule de Black et Scholes [LL91]) :

$$\mathbf{E}\left(\left(e^{\beta G} - K\right)_+\right) = e^{\beta^2/2} N\left(\beta - \frac{\log(K)}{\beta}\right) - K N\left(-\frac{\log(K)}{\beta}\right),$$

avec $N(x) = \int_{-\infty}^{x} e^{-u^2/2} du$. Mais nous allons supposer que l'on cherche à calculer ces quantités par simulation.

Les valeurs pratiques utilisées pour β sont de l'ordre de l'unité. Dans l'ex-
périmentation numérique nous avons posé $\beta = 1.0$ ainsi que $K = 1.0$. Voici le
résultat de la simulation ainsi qu'une estimation de l'erreur pour divers nombres
de tirages.

```
valeur exacte : 6.720
N = 100,    intervalle de confiance a 95% : [0.08,11.39]
            valeur estimee : 5.74
N = 1000,   intervalle de confiance a 95% : [4.20,10.01]
            valeur estimee : 7.1
N = 10000,  intervalle de confiance a 95% : [6.13,8.43]
            valeur estimee : 7.28
N = 100000, intervalle de confiance a 95% : [6.59,7.69]
            valeur estimee : 7.14
```

Comparons maintenant les résultats à ceux que l'on obtient lorsque l'on cherche à évaluer une option de vente (aussi appelée put), c'est à dire :

$$P = \mathbf{E}\left(\left(K - e^{\beta G}\right)_+\right). \tag{1.2}$$

La formule explicite donne :

$$KN\left(\frac{\log(K)}{\beta}\right) - e^{\beta^2/2}N\left(\frac{\log(K)}{\beta} - \beta\right).$$

On obtient alors les résultats suivants.

```
valeur exacte : 0.238
N =    100,   intervalle de confiance estime a 95% : [0.165,0.276]
              valeur estimee : 0.220
N =  1 000,   intervalle de confiance estime a 95% : [0.221,0.258]
              valeur estimee : 0.240
N = 10 000,   intervalle de confiance estime a 95% : [0.232,0.244]
              valeur estimee : 0.238
```

On constate que l'approximation est bien meilleure dans le cas du "put" que dans le cas du "call". Ceci s'explique sans difficultés par un calcul (ou une estimation) de la variance. Le cas du calcul du "call" reprend pour l'essentiel les caractéristiques du cas précédent.

Dans la section suivante on passe en revue un certain nombre de méthodes de réduction de variance. Nous utiliserons, pour illustrer les méthodes générales, l'exemple que nous venons de développer.

1.4 Méthodes de réduction de variance

Nous venons de voir que la vitesse de convergence de la méthode de Monte-Carlo est de l'ordre de $\sigma/\sqrt{n}$. Pour améliorer cette méthode il existe de nombreuses techniques, dites de réduction de variance, qui cherchent à diminuer la valeur de σ^2. L'idée générale est de donner une autre représentation sous forme d'espérance de la quantité à calculer :

$$\mathbf{E}(X) = \mathbf{E}(Y),$$

en cherchant à diminuer la variance. Nous allons passer en revue quelques unes de ces méthodes qui sont applicables dans pratiquement tous les cas de simulations. Des techniques plus spécifiques aux exemples traités dans les chapitres suivants seront données par la suite.

Échantillonnage préférentiel ou fonction d'importance   Supposons que l'on cherche à calculer :

$$\mathbf{E}(g(X))$$

et que la loi de X soit $f(x)dx$ (sur $\mathbf{R}$ pour fixer les idées). La quantité que l'on cherche à évaluer vaut donc :

$$\mathbf{E}(g(X)) = \int_{\mathbf{R}} g(x)f(x)dx.$$

Soit maintenant, $\tilde{f}$ la densité d'une autre loi telle que $\tilde{f} > 0$ et $\int_{\mathbf{R}} \tilde{f}(x)dx = 1$, il est clair que $\mathbf{E}(g(X))$ peut aussi s'écrire :

$$\mathbf{E}(g(X)) = \int_{\mathbf{R}} \frac{g(x)f(x)}{\tilde{f}(x)} \tilde{f}(x)dx.$$

Cela signifie que $\mathbf{E}(g(X)) = \mathbf{E}\left(\frac{g(Y)f(Y)}{\tilde{f}(Y)}\right)$, si Y suit la loi $\tilde{f}(x)dx$ sous $\mathbf{P}$. On a donc une autre méthode de calcul de $\mathbf{E}(g(X))$ en utilisant n tirages de Y, $Y_1, \ldots, Y_n$ et en approximant $\mathbf{E}(g(X))$ par :

$$\frac{1}{n}\left(\frac{g(Y_1)f(Y_1)}{\tilde{f}(Y_1)} + \cdots + \frac{g(Y_n)f(Y_n)}{\tilde{f}(Y_n)}\right).$$

Si l'on pose $Z = g(Y)f(Y)/\tilde{f}(Y)$, on aura amélioré l'algorithme si $\mathrm{Var}(Z) < \mathrm{Var}(g(X))$. Il est facile de calculer la variance de Z :

$$\mathrm{Var}(Z) = \mathbf{E}(Z^2) - \mathbf{E}(Z)^2 = \int_{\mathbf{R}} \frac{g^2(x)f^2(x)}{\tilde{f}(x)}dx - \mathbf{E}(g(X))^2.$$

Si $g(x) > 0$, on peut vérifier que, en prenant $\tilde{f}(x) = (g(x)f(x))/(\mathbf{E}(g(X)))$ on annule $\mathrm{Var}(Z)$! Il ne faut pas trop donner d'importance à ce résultat car il repose sur le fait que l'on connaît $\mathbf{E}(g(X))$, et c'est justement la quantité que l'on cherche à calculer.

Cela permet cependant de justifier l'heuristique suivante : prendre $\tilde{f}(x)$ aussi proche que possible de $|g(x)f(x)|$ puis la normaliser (diviser par $\int \tilde{f}(x)dx$) de façon à obtenir une densité dont la loi est facilement simulable. Évidemment les contraintes que l'on s'impose sont largement contradictoires et rendent cet exercice souvent délicat.

Donnons un exemple simple pour fixer les idées. Supposons que l'on cherche à calculer :

$$\int_0^1 \cos\left(\pi x/2\right) dx.$$

Cela correspond à $g(x) = \cos(x)$ et $f(x) = \mathbf{1}_{[0,1]}(x)$. On peut alors approcher le cos par un polynôme du second degré. Comme le cos est pair, vaut 0 en $x = 1$ et 1 en $x = 0$, il est naturel de prendre $\tilde{f}(x)$ de la forme $\lambda(1-x^2)$. En normalisant on obtient, $\tilde{f}(x) = (1-x^2)/3$. En calculant les variances, on peut constater que cette méthode a réduit la variance d'un facteur 100.

Montrons sur le cas du calcul du "put" (1.2) comment l'on peut appliquer cette méthode. Plus précisément, nous allons chercher à calculer :

$$P = \mathbf{E}\left(\left(1 - e^{\beta G}\right)_+\right).$$

La fonction $e^x - 1$ est proche de x lorsque x n'est pas trop grand. Cela suggère de mettre P sous la forme :

$$P = \int_{\mathbf{R}} \frac{\left(1 - e^{\beta x}\right)_+}{\beta|x|} \beta|x| e^{-x^2/2} \frac{dx}{\sqrt{2\pi}}.$$

Le changement de variable, $x = \sqrt{y}$ sur $\mathbf{R}^+$ et $x = -\sqrt{y}$ sur $\mathbf{R}^-$, permet alors d'écrire P sous la forme :

$$P = \int_0^{+\infty} \frac{\left(1 - e^{\beta\sqrt{y}}\right)_+ + \left(1 - e^{-\beta\sqrt{y}}\right)_+}{\sqrt{2\pi}\sqrt{y}} e^{-y/2} \frac{dy}{2}.$$

Si l'on note que $e^{-x/2}dx/2$ est la loi d'une variable aléatoire Y exponentielle de paramètre $1/2$. On peut encore écrire :

$$P = \mathbf{E}\left(\frac{\left(1 - e^{\beta\sqrt{Y}}\right)_+ + \left(1 - e^{-\beta\sqrt{Y}}\right)_+}{\sqrt{2\pi}\sqrt{Y}}\right),$$

On peut alors comparer avec la méthode précédente.

```
valeur exacte : 0.23842
N =   100,   intervalle de confiance estime a 95% : [0.239,0.260]
             valeur estimee : 0.249
N = 1 000,   intervalle de confiance estime a 95% : [0.235,0.243]
             valeur estimee : 0.239
N = 10 000,  intervalle de confiance estime a 95% : [0.237,0.239]
             valeur estimee : 0.238
```

On constate une amélioration sensible de la précision du calcul, ainsi pour 10000 tirages l'erreur relative passe de 6% dans la méthode initiale à 1% grâce à cette méthode d'échantillonnage préférentiel.

Variables de contrôle Dans sa version la plus simple, il s'agit d'écrire $\mathbf{E}(f(X))$ sous la forme :

$$\mathbf{E}(f(X)) = \mathbf{E}(f(X) - h(X)) + \mathbf{E}(h(X)),$$

avec $\mathbf{E}(h(X))$ qui peut se calculer explicitement et $\mathrm{Var}(f(X) - h(X))$ sensiblement plus petit que $\mathrm{Var}(f(X))$. On utilise alors une méthode de Monte-Carlo pour évaluer $\mathbf{E}(f(X) - h(X))$ et le calcul direct pour $\mathbf{E}(h(X))$.

Commençons par donner un exemple simple. Supposons que l'on veuille calculer $\int_0^1 e^x dx$. Comme au voisinage de 0, $e^x \approx 1 + x$, on peut écrire :

$$\int_0^1 e^x dx = \int_0^1 (e^x - 1 - x)dx + \frac{3}{2}.$$

Il est facile de vérifier que la variance de la méthode diminue alors sensiblement.

Donnons maintenant un autre exemple, en considérant le problème du calcul du prix du "call" (1.1). Il est facile de vérifier que les prix du "put" et du "call" vérifient la relation :

$$C - P = \mathbf{E}\left(e^{\beta G} - K\right) = e^{\beta^2/2} - K.$$

L'idée est alors d'écrire $C = P + e^{\beta^2/2} - K$ et de réaliser une méthode de Monte-Carlo pour P. On a déjà vu que l'erreur de la méthode est alors très sensiblement inférieure.

Variables antithétiques   Supposons que l'on cherche à calculer :

$$I = \int_0^1 f(x)dx.$$

Comme $x \to 1 - x$ laisse invariante la mesure dx, on a aussi :

$$I = \frac{1}{2}\int_0^1 (f(x) + f(1 - x))dx.$$

On peut donc calculer I de la façon suivante. On tire n variables aléatoires $U_1, \ldots, U_n$ suivants une loi uniforme sur $[0,1]$ et indépendantes, et on approxime I par :

$$\begin{aligned}I_{2n} &= \frac{1}{n}\left(\frac{1}{2}(f(U_1) + f(1 - U_1)) + \cdots + \frac{1}{2}(f(U_n) + f(1 - U_n))\right)\\ &= \frac{1}{2n}\left(f(U_1) + f(1 - U_1) + \cdots + f(U_n) + f(1 - U_n)\right).\end{aligned}$$

Lorsque l'on compare cette méthode à une méthode de Monte-Carlo directe à l'issue de $2n$ tirages, on peut montrer que si la fonction f est continue monotone la qualité de l'approximation s'améliore.

On peut généraliser ce genre d'idée en dimension supérieure et à d'autres transformations préservant la loi de la variable aléatoire. Par exemple, si l'on cherche à calculer le prix d'un "put" (1.2), on peut utiliser le fait que la loi de G est identique à celle de $-G$ et réduire la variance d'un coefficient proche de 2.

Méthode de stratification   C'est une méthode bien connue des statisticiens et souvent utilisée dans les sondages (voir [Coc77]). Supposons que l'on cherche à calculer I, avec :

$$I = \mathbf{E}(g(X)) = \int_{\mathbf{R}^d} g(x)f(x)dx.$$

où X est une variable aléatoire à valeur dans $\mathbf{R}^d$ suivant la loi $f(x)dx$.

On se donne une partition $(D_i, 1 \leq i \leq m)$ de $\mathbf{R}^d$. On décompose alors I de la façon suivante :

$$I = \sum_{i=1}^{m} \mathbf{E}(\mathbf{1}_{\{X \in D_i\}} g(X)) = \sum_{i=1}^{m} \mathbf{E}(g(X)|X \in D_i)\mathbf{P}(X \in D_i).$$

Lorsque que l'on connaît les nombres $p_i = \mathbf{P}(X \in D_i)$, on peut utiliser une méthode de Monte-Carlo pour estimer les intégrales $I_i = \mathbf{E}(g(X)|X \in D_i)$. Supposons que l'on approxime l'intégrale I_i par $\tilde{I}_i$ à l'aide de n_i tirages indépendants, la variance de l'erreur d'approximation est donnée par $\frac{\sigma_i^2}{n_i}$, si l'on note $\sigma_i^2 = \text{Var}(g(X)|X \in D_i)$. On approxime ensuite I par $\tilde{I}$ avec :

$$\tilde{I} = \sum_{i=1}^{m} p_i \tilde{I}_i.$$

Les échantillons servant à obtenir les estimateurs $\tilde{I}_i$ étant supposés indépendants on montre facilement que la variance de l'estimateur $\tilde{I}$ vaut :

$$\sum_{i=1}^{m} p_i^2 \frac{\sigma_i^2}{n_i}.$$

Il est alors naturel de minimiser cette erreur pour un nombre total de tirages fixé $\sum_{i=1}^{m} n_i = n$. On peut vérifier que les n_i qui minimise la variance de $\tilde{I}$ sont donnés par :

$$n_i = n \frac{p_i \sigma_i}{\sum_{i=1}^{m} p_i \sigma_i}.$$

Le minimum de la variance de $\tilde{I}$ vaut alors :

$$\frac{1}{n} \left(\sum_{i=1}^{m} p_i \sigma_i \right)^2.$$

Il est inférieur à la variance que l'on obtiendrait avec n tirages aléatoires par la méthode de Monte-Carlo classique. En effet, cette variance vaut :

$$\begin{aligned} \text{Var}(g(X)) &= \mathbf{E}\left(g(X)^2\right) - \mathbf{E}\left(g(X)\right)^2 \\ &= \sum_{i=1}^{m} p_i \mathbf{E}\left(g^2(X)|X \in D_i\right) - \left(\sum_{i=1}^{m} p_i \mathbf{E}\left(g(X)|X \in D_i\right)\right)^2. \end{aligned}$$

D'où en faisant intervenir les variances conditionnelles σ_i :

$$\begin{aligned} \text{Var}(g(X)) &= \sum_{i=1}^{m} p_i \text{Var}\left(g(X)|X \in D_i\right) + \sum_{i=1}^{m} p_i \mathbf{E}\left(g(X)|X \in D_i\right)^2 \\ &\quad - \left\{\sum_{i=1}^{m} p_i \mathbf{E}\left(g(X)|X \in D_i\right)\right\}^2. \end{aligned}$$

On utilise alors, deux fois, l'inégalité de convexité pour x^2, $\left(\sum_{i=1}^{m} p_i a_i\right)^2 \leq$ $\sum_{i=1}^{m} p_i a_i^2$ si $\sum_{i=1}^{m} p_i = 1$, pour montrer que :

$$\mathrm{Var}\,(g(X)) \geq \sum_{i=1}^{m} p_i \mathrm{Var}\,(g(X)|X \in D_i) \geq \left(\sum_{i=1}^{m} p_i \sigma_i\right)^2.$$

Ceci prouve que, sous réserve que l'on fasse une affectation optimale des tirages, on peut obtenir par stratification un estimateur de variance moindre. Notons cependant que l'on ne peut que rarement calculer les σ_i, ce qui limite la portée de cette technique (mais on peut toujours les estimer à l'aide d'un premier tirage de Monte-Carlo).

Notons aussi qu'il est possible d'obtenir un estimateur de variance supérieure à l'estimateur initial si l'affectation des points aux domaines est quelconque. Il existe malgré tout d'autres stratégies d'affectation des points par domaines qui réduisent forcément la variance. Par exemple la stratégie qui affecte un nombre de points proportionnel à la probabilité du domaine :

$$n_i = n p_i.$$

On obtient alors un estimateur de variance égale à :

$$\frac{1}{n} \sum_{i=1}^{m} p_i \sigma_i^2.$$

Or nous venons de voir que $\sum_{i=1}^{m} p_i \sigma_i^2$ est un majorant de $\mathrm{Var}\,(g(X))$. Cette stratégie d'allocation est parfois utilisée lorsque l'on sait expliciter les probabilités p_i. Pour des considérations approfondies sur ces techniques on pourra consulter [Coc77].

Valeur moyenne ou conditionnement   Supposons que l'on cherche à calculer :

$$\mathbf{E}(g(X,Y)) = \int g(x,y) f(x,y) dx dy,$$

où $f(x,y) dx dy$ est la loi du couple (X,Y). Si l'on pose :

$$h(x) = \frac{1}{m(x)} \int g(x,y) f(x,y) dy,$$

avec $m(x) = \int f(x,y) dy$, il est facile de voir que $\mathbf{E}(g(X,Y)) = \mathbf{E}(h(X))$. En effet la loi de X est $m(x) dx$, et donc :

$$\mathbf{E}(h(X)) = \int m(x) h(x) dx = \int dx \int g(x,y) f(x,y) dy = \mathbf{E}(g(X,Y)).$$

On peut retrouver ce résultat en notant que :

$$\mathbf{E}\,(g(X,Y)|X) = h(X).$$

Cette interprétation comme une espérance conditionnelle permet, de plus, de prouver que :

$$\text{Var}(h(X)) \leq \text{Var}(g(X,Y)).$$

Si l'on peut calculer explicitement la fonction $h(x)$, il est préférable d'utiliser une méthode de Monte-Carlo pour $h(X)$.

1.5 Suites à discrépance faible

Une autre façon d'améliorer les méthodes de type Monte-Carlo est de renoncer au caractère aléatoire des tirages et de tirer les points de façon "plus ordonnée". On cherche à trouver des suites $(x_i, i \geq 0)$ déterministes permettant d'approximer des intégrales par une formule de la forme :

$$\int_{[0,1]^d} f(x)dx \approx \lim_{n \to +\infty} \frac{1}{n}(f(x_1) + \cdots + f(x_n)).$$

On parle dans ce cas de méthode de *quasi Monte-Carlo*. On peut trouver des suites, telles que la vitesse de convergence de l'approximation soit de l'ordre de $K\frac{\log(n)^d}{n}$, mais à condition que la fonction f possède une certaine régularité, ce qui est sensiblement meilleur qu'une méthode de Monte-Carlo. C'est ce genre de suite que l'on appelle une suite à discrépance faible.

Commençons par donner la définition d'une suite équirépartie.

Définition 1.5.1 On dit que $(x_n)_{n\geq 1}$ est une suite équirépartie sur $[0,1]^d$ si l'une des propriétés suivantes (équivalentes) est vérifiée. (Si x et y sont deux points de $[0,1]^d$, $x \leq y$ si et seulement si par définition $x_i \leq y_i$, pour tout $1 \leq i \leq d$.)

- Pour tout $y = (y^1, \cdots, y^d) \in [0,1]^d$:

$$\lim_{n \to +\infty} \frac{1}{n}\sum_{k=1}^{n} \mathbf{1}_{\{x_k \in [0,y]\}} = \prod_{i=1}^{d} y^i = \text{Volume}([0,y]).$$

où $[0,y] = \{z \in [0,1]^d, z \leq y\}$.

- $D_n^*(x) = \sup_{y \in [0,1]^d} \left| \frac{1}{n}\sum_{k=1}^{n} \mathbf{1}_{\{x_k \in [0,y]\}} - \text{Volume}([0,y]) \right| \to 0.$

- Pour toute fonction f Riemann intégrable (c'est à dire bornée et dx-ps continue) définie sur $[0,1]^d$:

$$\lim_{n \to +\infty} \frac{1}{n}\sum_{k=1}^{n} f(x_k) = \int_{[0,1]^d} f(x)dx.$$

$D_n^*(x)$ est appelé la *discrépance à l'origine* de la suite x.

Remarque :

- Si $(U_n)_{n\geq 1}$ désigne une suite de variables aléatoires indépendantes et de loi uniforme sur $[0,1]$, les suites aléatoires $(U_n(\omega))_{n\geq 1}$ seront presque sûrement équiréparties. On a, de plus, une loi du logarithme itéré pour la discrépance :

$$\text{presque sûrement} \quad \overline{\lim_n} \sqrt{\frac{2n}{\log(\log n)}} D_n^*(U) = 1.$$

- On dit qu'une suite est *à discrépance faible* si sa discrépance est asymptotiquement meilleure que celle d'une suite aléatoire. On peut prouver que la discrépance d'une suite infinie vérifie forcément :

$$D_n^* > C_d \frac{(\log n)^{\max(\frac{d}{2},1)}}{n} \text{ pour un nombre infini de valeurs de } n,$$

où C_d est une constante ne dépendant que de d.

- On connaît de nombreuses suites à discrépance faible d-dimensionnelles. Les meilleures discrépances asymptotiques connues sont de l'ordre de $((\log n)^d)/(n)$. Ces suites ont une discrépance quasi optimale vu la remarque précédente.

  Ces suites sont asymptotiquement meilleures qu'une suite de nombres aléatoires. Cependant, dans la pratique, c'est à dire pour des valeurs de n entre 10^3 et 10^6, les discrépances des meilleures suites connues ne sont pas aussi bonnes que les résultats asymptotiques pourraient le laisser espérer particulièrement pour des dimensions supérieures à la dizaine.

Un autre intérêt des suites à discrépance faible est de donner une estimation a priori de l'erreur commise lors de l'intégration numérique, pour des fonctions à variation finie, par l'intermédiaire de la formule de Koksma-Hlawka. Contrairement aux suites aléatoires, qui fournissent des intervalles de confiance pour une probabilité donnée, cette majoration est effective et déterministe. Il faut cependant relativiser l'intérêt de cette majoration en notant qu'elle est presque toujours très éloignée de la valeur réelle de l'erreur et que la variation d'une fonction est une quantité très difficile à évaluer. La proposition suivante explicite cette majoration :

Proposition 1.5.2 (Inégalité de Koksma-Hlawka) *Si g est une fonction à variation finie au sens de Hardy et Krause de variation $V(g)$, alors :*

$$\forall n \geq 1 \quad \left| \frac{1}{N} \sum_{k=1}^{N} g(x_k) - \mathbf{E}(X) \right| \leq V(g) D_N^*(x).$$

Remarque : La définition générale d'une fonction à variation finie au sens de Hardy and Krause est relativement compliquée (voir [Nei92]). Cependant, en dimension 1, cette notion coïncide avec celle de fonction à variation finie classique. De plus, en dimension d, si g est d fois continuement différentiable, la variation $V(g)$ est donnée par :

$$V(g) = \sum_{k=1}^{d} \sum_{1 \leq i_1 < \cdots < i_k \leq d} \int_{[0,1]^d} \left| \frac{\partial^k g(x)}{\partial x_{i_1} \cdots \partial x_{i_k}} \right| dx.$$

On constate donc que lorsque la dimension augmente il est de plus en plus "difficile" d'être à variation finie. En particulier les fonctions indicatrices ($\mathbf{1}_{\{f(x_1,\ldots,x_d)>\lambda\}}$ avec f régulière) ne sont pas forcément à variation finie dès que la dimension est supérieure ou égale à 2.

Nous allons maintenant donner quelques exemples de suites à discrépance faible, parmi les plus utilisées en pratique. Il y en a beaucoup d'autres (voir [Nei92] pour d'autres exemples).

Suites de Van Der Corput   Soit p un entier strictement supérieur à 1. Soit n un entier positif on notera $a_0, a_1, \ldots, a_r$ sa décomposition p-adique unique vérifiant :

$$n = a_0 + \cdots + a_r p^r,$$

avec $0 \leq a_i < p$ pour $0 \leq i \leq r$, et $a_r > 0$. La suite de Van Der Corput en base p est donnée par :

$$\phi_p(n) = \frac{a_0}{p} + \cdots + \frac{a_r}{p^{r+1}}.$$

On peut comprendre la définition de $\phi_p(n)$ de la façon suivante. On écrit le nombre n en base p :

$$n = a_r a_{r-1} \ldots a_1 a_0, \text{ alors } \phi_p(n) = 0, a_0 a_1 \ldots a_r,$$

où il faut comprendre la notation $0, a_0 a_1 \ldots a_r$ comme étant la décomposition p−adique d'un nombre.

Suites de Halton   Les suites de Halton sont des généralisations multidimensionnelles des suites de Van Der Corput. Soit $p_1, \cdots, p_d$ les d premiers nombres premiers. La suite de Halton est définie par, si n est un entier :

$$x_n^d = (\phi_{p_1}(n), \cdots, \phi_{p_d}(n)) \tag{1.3}$$

où $\phi_{p_i}(n)$ est la suite de Van Der Corput en base p_i.

La discrépance de la suite de Halton $d-$dimensionnelle est majorée par :

$$D_n^* \leq \frac{1}{n} \prod_{i=1}^d \frac{p_i \log(p_i n)}{\log(p_i)}.$$

Suite de Faure   La suite de Faure en dimension d est définie de la façon suivante. Soit r un entier premier impair plus grand que d (on peut prendre, par exemple, $r = 11$ dans le cas où $d = 8$). On définit alors une application T opérant sur l'ensemble des x s'écrivant sous la forme :

$$x = \sum_{k \geq 0} \frac{a_k}{r^{k+1}},$$

la somme étant une somme finie. Pour un tel x on pose alors :

$$T(x) = \sum_{k \geq 0} \frac{b_k}{r^{k+1}}$$

avec $b_k = \sum_{i \geq k} C_k^i a_i \bmod r$. Les C_k^i étant les coefficients du binône. On peut alors définir la suite de Faure de la façon suivante :

$$x_n = \left(\phi_r(n-1), T(\phi_r(n-1)), \cdots, T^{d-1}(\phi_r(n-1)) \right). \tag{1.4}$$

Cette suite admet une discrépance majorée par $C \frac{\log(n)^d}{n}$.

Translations irrationnelles du tore   Ces suites sont données sous la forme :

$$x_n = (\{n\alpha_i\})_{1 \leq i \leq d}, \tag{1.5}$$

où $\{x\}$ est la partie fractionnaire du nombre x et $\alpha = (\alpha_1, \cdots, \alpha_d)$ avec $(1, \alpha_1, \cdots, \alpha_d)$ une famille libre de $\mathbf{Q}$. On peut choisir, par exemple, $\alpha = \left(\sqrt{p_1}, \cdots, \sqrt{p_d} \right)$. On peut prouver, pour cette suite, qu'elle a une discrépance en $o\left(\frac{1}{n^{1-\epsilon}} \right)$ pour tout $\epsilon > 0$. Cette suite est en particulier utilisée dans le logiciel commercial **NAG**.

1.6   Simulation de variables aléatoires

Pour implémenter la méthode de Monte-Carlo sur un ordinateur, on procède de la façon suivante. On suppose que l'on sait construire une suite de nombres

$(U_n)_{n\geq 1}$ qui réalise une suite de variables aléatoires uniformes sur l'intervalle $[0,1]$, indépendantes, et on cherche une fonction $(u_1, \ldots, u_p) \mapsto F(u_1, \cdots, u_p)$ telle que la loi de la variable aléatoire $F(U_1, \cdots, U_p)$ soit la loi cherchée $\mu(dx)$. La suite de variables aléatoires $(X_n)_{n\geq 1}$ où $X_n = F(U_{(n-1)p+1}, \cdots, U_{np})$ est alors une suite de variables aléatoires indépendantes suivant la loi voulue μ.

La suite $(U_n)_{n\geq 1}$ est réalisée concrètement par des appels successifs à un générateur de nombres pseudo-aléatoires. La plupart des langages disponibles sur les ordinateurs modernes possèdent une fonction aléatoire, déjà programmée, dont la sortie est un nombre pseudo aléatoire compris entre 0 et 1, soit un entier aléatoire dans un intervalle fixé (cette fonction porte le nom de `rand()` en C ANSI, de `random` en Turbo Pascal).

Remarque : La fonction F peut dans certains cas (en particulier lorsque l'on cherche à simuler des temps d'arrêt), dépendre de toute la suite $(U_n)_{n\geq 1}$, et non plus d'un nombre fixe de U_i. La méthode précédente est encore utilisable si l'on sait simuler X à l'aide d'un nombre presque sûrement fini de U_i, ce nombre pouvant dépendre du hasard. C'est le cas, par exemple, de l'algorithme de simulation d'une variable aléatoire poissonnienne (voir page 20).

1.6.1 Simulation d'une loi uniforme sur $[0,1]$

Nous allons montrer comment l'on peut construire des générateurs de nombres aléatoires au cas où les générateurs de la machine ne donneraient pas entière satisfaction.

La méthode la plus simple et la plus couramment utilisée est la méthode des congruences linéaires. On génère une suite $(x_n)_{n\geq 0}$ de nombres entiers compris entre 0 et $m-1$ de la façon suivante :

$$\left\{ \begin{array}{l} x_0 = \text{valeur initiale} \in \{0, 1, \cdots, m-1\} \\ x_{n+1} = ax_n + b \ (\text{modulo } m) \end{array} \right.$$

a, b, m étant des entiers qu'il faut choisir soigneusement si l'on veut que les caractéristiques statistiques de la suite soient satisfaisantes. Sedgewick dans [Sed87] préconise le choix suivant :

$$\left\{ \begin{array}{rcl} a & = & 31415821 \\ b & = & 1 \\ m & = & 10^8 \end{array} \right.$$

Cette méthode permet de simuler des entiers pseudo aléatoires entre 0 et $m-1$; pour obtenir un nombre réel aléatoire entre 0 et 1 on divise l'entier aléatoire ainsi généré par m.

Le générateur précédent fournit des résultats acceptables dans les cas courants. Cependant sa période (ici $m = 10^8$) peut se révéler parfois insuffisante.

On peut, alors, obtenir des générateurs de nombres aléatoires de période arbitrairement longue en augmentant m. Le lecteur intéressé trouvera des nombreux renseignements sur les générateurs de nombres aléatoires et la façon de les programmer sur un ordinateur dans [Knu81] et [L'E90].

1.6.2 Simulation d'autres variables aléatoires

Nous allons montrer comment l'on peut simuler, à partir d'une suite de variables aléatoires uniformes sur $[0,1]$, des variables aléatoires suivant certaines lois usuelles. Nous nous sommes restreint aux variables aléatoires qui interviendrons dans la suite du livre, c'est à dire les variables aléatoires gaussienne, exponentielle et poissonnienne. Bien sûr, on sait simuler beaucoup d'autre lois. On trouvera un panorama quasi exhaustif de ces méthodes dans [Dev86].

Simulation de variables gaussiennes   Une méthode classique pour simuler les variables aléatoires gaussiennes repose sur la constatation que, si (U_1, U_2) sont deux variables aléatoires uniformes sur $[0,1]$ indépendantes :

$$(\sqrt{-2\log(U_1)}\cos(2\pi U_2), \sqrt{-2\log(U_1)}\sin(2\pi U_2))$$

est un couple de variables aléatoires indépendantes suivant des lois gaussiennes centrées et réduites (i.e. de moyenne nulle et de variance 1).

Pour simuler des gaussiennes de moyenne m et de variance σ il suffit de poser $X = m + \sigma g$, où g est une gaussienne centrée réduite.

Simulation d'une loi exponentielle   Rappelons qu'une variable aléatoire X suit une loi exponentielle de paramètre μ si sa loi vaut :

$$\mathbf{1}_{\{x \geq 0\}}\mu e^{-\mu x}dx$$

On peut simuler X en constatant que, si U suit une loi uniforme sur $[0,1]$: $\frac{\log(U)}{\mu}$ suit une loi exponentielle de paramètre μ.

Simulation d'une variable aléatoire de Poisson   Une variable aléatoire poissonnienne est une variable à valeurs dans $\mathbf{N}$ telle que :

$$\mathbf{P}(X = n) = e^{-\lambda}\frac{\lambda^n}{n!}, \quad \text{si } n \geq 0$$

On peut prouver que si $(T_i)_{i \geq 1}$ est une suite de variables aléatoires exponentielles de paramètre λ, alors la loi de $N_t = \sum_{n \geq 1} n\mathbf{1}_{\{T_1 + \cdots + T_n \leq t < T_1 + \cdots + T_{n+1}\}}$ est une loi de Poisson de paramètre λt. N_1 a donc même loi que la variable X que l'on cherche à simuler. D'autre part, on peut toujours mettre les variables exponentielles T_i sous la forme $-\log(U_i)/\lambda$, où les $(U_i)_{i \geq 1}$ sont des variables aléatoires suivant la loi uniforme sur $[0,1]$ et indépendantes. N_1 s'écrit alors :

$$N_1 = \sum_{n \geq 1} n\mathbf{1}_{\{U_1 U_2 \cdots U_{n+1} \leq e^{-\lambda} < U_1 U_2 \cdots U_n\}}.$$

Pour la simulation d'autres lois que nous n'avons pas citées, ou pour d'autres méthodes de simulation des lois précédentes, on pourra consulter [Bou86], [Dev86], [BFS87].

1.7 Commentaires bibliographiques

Le lecteur souhaitant conforter ses connaissance en probabilité pourra consulter [Bou86] ou [Bre68]. De nombreux ouvrages élémentaires traitant des méthodes de Monte-Carlo sont disponibles : on peut citer [HH64],[KW86], [Rub81], [Rip87] and [BFS87]. L'ouvrage de Luc Devroye concernant la simulation des variables aléatoires [Dev86] est une référence indispensable. Les suites à discrépance faible sont étudiées en détail dans [KN74] et [Nei92]. On trouvera aussi dans [Nei92] de très nombreuses références bibliographiques). Le lecteur cherchant des algorithmes et des programmes permettant de simuler des variables aléatoires uniformes pourra consulter [L'E90],[PTFV92].

Chapitre 2

Processus et équations de transport

Les méthodes de Monte-Carlo pour la résolution numérique des équations aux dérivées partielles sont basées sur les liens qui existent entre les processus stochastiques et ces équations. Dans ce chapitre, nous donnerons l'interprétation probabiliste des équations *linéaires* de transport (ou de Vlasov collisionnelles) grâce à une classe d'évolutions aléatoires qui sont des processus de Markov, appelés "processus de transport". Les méthodes de Monte-Carlo correspondantes seront présentées en détail au chapitre 3 (tandis que l'équation non linéaire de Boltzmann, et sa résolution numérique par des méthodes de Monte-Carlo seront étudiées au chapitre 4).

Les équations de transport servent de base à toute une série de modélisations physiques, chaque fois que l'on doit modéliser l'évolution d'une population de particules qui subissent des chocs et qui, entre les chocs, se propagent selon un mouvement uniforme ou plus généralement accéléré.

La solution de telles équations est une fonction u représentant la population de telles particules; c'est une fonction du temps t, de la position x et de la vitesse v (x appartient à un domaine spatial $\mathcal{D}$ ouvert de $\mathbf{R}^d$ et v à un domaine $\mathcal{V}$ qui est $\mathbf{R}^d$ ou une partie de $\mathbf{R}^d$). Les équations de transport que nous considérons dans ce chapitre et le suivant seront linéaires et peuvent s'écrire :

$$\left\{ \begin{array}{rcl} \dfrac{\partial u}{\partial t} + v \cdot \dfrac{\partial u}{\partial x} + \tau u & = & \mathcal{L}u + f \\ u(0, \cdot) & = & g, \end{array} \right.$$

où :

- $\tau = \tau(x, v)$

- $\mathcal{L}$ est un opérateur intégral par rapport à la variable v, dépendant du paramètre x de la forme :

$$\mathcal{L}u(v) = \int_{\mathcal{V}} l\,(x,v,v')\,u(v')dv',$$

- $f = f(t,x,v)$ et $g = g(x,v)$ sont des données du problème définies sur tout le domaine en espace et en vitesse ; elles correspondent à un terme de source et à la condition initiale.

En termes physiques, $u(t,x,v)$ s'interprète comme une densité de particules, l'inverse de $\tau(x,v)$ est interprété comme un temps de vol libre moyen, la quantité $|v|/\tau(x,v)$ s'interprète comme le libre parcours moyen d'une particule à la position x et ayant la vitesse v (en général $\tau(x,v)$ ne dépend que de x et $|v|$). L'introduction de l'opérateur intégral $\mathcal{L}$ correspond à la partie "gain" de la modélisation des chocs. Le coefficient $r(x,v) = \tau(x,v) - \int_{\mathcal{V}} l\,(x,v',v)dv'$ est appelé coefficient d'amortissement (il est nul s'il n'y a ni création ni perte de particules au cours du choc).

De façon plus générale, on peut considérer un problème où les particules se propagent entre les chocs selon un mouvement accéléré, auquel cas l'équation satisfaite par la densité de particules est la suivante :

$$\begin{cases} \dfrac{\partial u}{\partial t} + v.\dfrac{\partial u}{\partial x} + \mathrm{div}_v(au) + \tau u &= \mathcal{L}u + f \\ u(0,\cdot) &= g. \end{cases}$$

Cette équation est appelée plus précisément "équation de Vlasov collisionnelle" ($\mathcal{V}$ doit alors être un sous ensemble ouvert de $\mathbf{R}^d$). Le vecteur $a = a(x,v)$ correspond à un terme d'accélération. Par la suite, on englobera souvent les deux types d'équations sous le vocable "équation de transport", quitte à parler d'équations de transport simple pour le premier type, où a est nul.

L'organisation de ce chapitre est la suivante.

Considérons une équation différentielle satisfaite par la fonction $X(t)$ prenant ses valeurs dans $\mathbf{R}^d$:

$$\frac{dX(t)}{dt} = V(t)$$

où $V(t)$ est un processus aléatoire. (De façon plus générale on pourra considérer l'équation différentielle ordinaire $\frac{dX(t)}{dt} = b(X(t), V(t))$ où $b : \mathbf{R}^d \times \mathcal{V} \to \mathbf{R}^d$).

Cette équation peut modéliser par exemple le mouvement d'une particule dans un champ de forces connu, subissant des chocs à des instants aléatoires. On montrera alors que, sous de bonnes propriétés du processus $V(t)$, le couple $\{X(t), V(t)\}$ est un processus de Markov et on donnera la forme du générateur infinitésimal du semi-groupe associé. Puis, on associera à ce processus ses "équations de Kolmogorov", ce qui nous permettra de donner une interprétation probabiliste pour des "équations de transport". Nous ferons cela tout d'abord dans un cas simple où l'ensemble $\mathcal{V}$ est un ensemble discret, c'est l'objet des sections 2 et 3. Après une section qui énonce une propriété classique d'approximation du transport par la diffusion, nous généralisons dans la section 5 les résultats de la section 3 au cas où $\mathcal{V}$ est l'espace $\mathbf{R}^d$ (le cas où $\mathcal{V}$ est une partie de $\mathbf{R}^d$ se traite de manière identique).

Pour simplifier la présentation dans la suite de ce chapitre, on supposera que le domaine spatial où varie x est $\mathbf{R}^d$ tout entier, pour ne pas avoir à se préoccuper des questions de conditions aux limites ; on reviendra sur la question des conditions aux limites dans la section 4 du chapitre suivant.

Remarque : Interprétation en neutronique.

En fait les spécialistes de neutronique préfèrent travailler non pas avec la fonction $u(x, v)$ qui s'interprète comme une densité de neutrons, mais avec la fonction $\phi(x, v) = |v|^2 u(x, v)$ que l'on appelle le "flux neutronique" ; néanmoins, l'équation satisfaite par ϕ a la même forme que l'équation précédente. On note $v = |v|\Omega$, $E = |v|^2/2$ et $\phi = \phi(x; \Omega, E)$, alors cette équation s'écrit dans les cas simples :

$$\frac{1}{|v|}\frac{\partial \phi}{\partial t} + \Omega.\frac{\partial \phi}{\partial x} + \Sigma_t(x; E)\phi(x; \Omega, E)$$

$$= \int_{S^2} \int_{R^+} \Sigma_s(x; \Omega', E'; \Omega, E)\phi(x; \Omega', E')d\Omega'dE' + S(x, \Omega, E)$$

où $\Sigma_t(x; E)$ s'interprète comme une section efficace totale et le coefficient $\Sigma_s(x; \Omega', E'; \Omega, E)$ comme une section efficace de diffusion ou plus exactement de diffraction (scattering en anglais) ; le coefficient $r(x, \Omega, E) = \Sigma_t(x; E) - \int \int \Sigma_s(x; \Omega, E; \Omega', E')d\Omega'dE'$ comme une section efficace d'absorption. Comme $d\Omega'dE' = |v'|^{-1}dv'$, on voit que la densité u vérifie :

$$\frac{\partial u}{\partial t} + v.\frac{\partial u}{\partial x} + |v|\Sigma_t(x; E)u(x; v)$$

$$= \int_{S^2} \int_{R^+} \frac{|v'|}{|v|}\Sigma_s(x; \Omega', E'; \Omega, E)u(x; v')dv' + S(x, \Omega, E)/|v|,$$

ce qui est bien une équation du type général décrit ci-dessus.

Notations Pour tout $f : \mathbf{R}^d \times \mathcal{V} \to \mathbf{R}$, et $F = (F_1, \ldots, F_d): \mathbf{R}^d \times \mathcal{V} \to \mathbf{R}^d$ on note :

$$\nabla f(x, v) = \frac{\partial f}{\partial x}(x, v) = \left(\frac{\partial f}{\partial x_1}(x, v), \ldots, \frac{\partial f}{\partial x_d}(x, v) \right),$$

$$\operatorname{div}_x(F) = \sum_{i=1}^{d} \frac{\partial}{\partial x_i}(F_i),$$

$C_b^0(\mathbf{R}^d \times \mathcal{V})$ est l'espace des fonctions continues par rapport à la première variable et bornées.

$$C_b^1(\mathbf{R}^d \times \mathcal{V}) = \{f \in C_b^0(\mathbf{R}^d \times \mathcal{V}) \text{ tel que } \nabla f \in C_b^0(\mathbf{R}^d \times \mathcal{V})\}$$

2.1   Rappel sur les processus de Markov

Étant donné un espace de probabilité $(\Omega, \mathcal{A}, P)$, on appellera *processus stochastique* (ou *fonction aléatoire*) une collection $\{X(t) ; t \geq 0\}$ de vecteurs aléatoires de dimension d. Pour chaque $t \geq 0$, on a donc une application :

$$\begin{aligned} \Omega &\rightsquigarrow \mathbf{R}^d \\ \omega &\rightarrow X(t, \omega) \end{aligned}$$

X est donc aussi une application de $\mathbf{R}_+ \times \Omega$ dans $\mathbf{R}^d$, qui à chaque couple (t, ω) fait correspondre $X(t, \omega)$. Tous les processus que nous considérons vérifieront toujours la propriété de mesurabilité par rapport au couple (t, ω), pour la tribu produit $\mathcal{B}_+ \otimes \mathcal{A}$, où $\mathcal{B}_+$ désigne la tribu borélienne de $\mathbf{R}_+$.

On appelle trajectoire du processus X l'application :

$$t \rightarrow X(t, \omega)$$

de $\mathbf{R}_+$ dans $\mathbf{R}^d$, ω étant fixé. L'ensemble des trajectoires est donc une collection indexée par ω d'applications de $\mathbf{R}_+$ dans $\mathbf{R}^d$.

On considère un ensemble mesurable G muni d'une tribu $\mathcal{G}$. Par exemple G peut être un ensemble fini ou dénombrable (alors $\mathcal{G}$ est l'ensemble des parties de G) ou bien G peut être $\mathbf{R}^d$ (alors $\mathcal{G}$ est la tribu $\mathcal{B}_d$ des boréliens de $\mathbf{R}^d$).

Nous donnons maintenant la définition d'un processus de Markov à valeurs dans G.

Définition 2.1.1 Un processus stochastique $\{Z(t); t \geq 0\}$ à valeurs dans un espace mesurable $(G, \mathcal{G})$ sera dit *markovien* (ou appelé *"processus de Markov"*) si pour tout $0 < s < t$, et pour :

$$0 = t_0 < t_1 < \cdots < t_n < s, \quad \text{et} \qquad z_0, z_1, \ldots, z_n, z \in G,$$

on a :

$$\begin{aligned} \mathbf{P}(Z(t) \in B/Z(0) = z_0, Z(t_1) = z_1, \ldots, Z(t_n) = z_n, Z(s) = z) \\ = \mathbf{P}(Z(t) \in B/Z(s) = z) \qquad \forall B \in \mathcal{G} \end{aligned}$$

Remarque :   Les membres de gauche (resp. de droite) sont des fonctions de $z_0, z_1, \ldots, z_n, z$ (resp. de z) p.s. égales entre elles pour la loi de $(Z(0), Z(t_1), \ldots, Z(t_n), Z(s))$ (resp. de $Z(s)$). On ne peut pas remplacer

"$Z(t) \in B$" par une condition du type "$Z(t) = z'$" sauf si G est un ensemble fini ou dénombrable auquel cas la définition précédente est équivalente à :

$$\mathbf{P}(Z(t) = z'/Z(0) = z_0, Z(t_1) = z_1, \dots, Z(t_n) = z_n, Z(s) = z)$$
$$= \mathbf{P}(Z(t) = z'/Z(s) = z) \qquad \forall z' \in G$$

Définition 2.1.2 On dira que le processus markovien $\{Z(t), t \geq 0\}$ est *homogène* si la quantité $\mathbf{P}(Z(t) \in B/Z(s) = z)$ ne dépend de s et t que par la différence $t - s$.

On ne s'intéressera dans la suite qu'aux processus markoviens homogènes. On écrira pour toute fonction mesurable bornée f :

$$\mathbf{E}_z\left(f(Z(t))\right) = \mathbf{E}\left(f(Z(t))/Z(0) = z\right)$$

et aussi :

$$\mathbf{P}_z\left(.\right) = \mathbf{P}\left(./Z(0) = z\right)$$

D'après les définitions précédentes, on voit que pour tout t et s positifs, on a :

$$\mathbf{P}(Z(t + s) \in B/Z(s)) = \mathbf{P}_{Z(s)}(Z(t) \in B)$$

2.1.1 Semi-groupe associé à un processus de Markov

On peut associer à un processus de Markov homogène $\{Z(t), t \geq 0\}$, un semi-groupe de transition $\{Q_t, t \geq 0\}$ défini comme suit. Pour chaque $t \geq 0$, Q_t est une application de $G \times \mathcal{G}$ dans $[0, 1]$ telle que pour tout $z \in G$, $B \in \mathcal{G}$:

$$Q_t(z; B) = \mathbf{P}_z(Z(t) \in B),$$

On vérifie que $z \to Q_t(z; B)$ est mesurable, et il est clair que pour tout $z \in G$, $B \to Q_t(z, B)$ est une mesure de probabilité. On note également Q_t, l'opérateur linéaire qui à toute fonction mesurable bornée $f : G \to \mathbf{R}$, associe la fonction $Q_t f$ définie par :

$$Q_t f(z) = \int_G f(z') Q_t(z; dz').$$

Ce qui s'écrit encore :

$$Q_t f(z) = E_z\left(f(Z(t))\right).$$

D'après la propriété de Markov, on voit que :

$$Q_{t+s}(z; B) = \mathbf{P}_z[\mathbf{P}(Z(t + s) \in B/Z(s))] = \mathbf{P}_z[\mathbf{P}_{Z(s)}(Z(t) \in B)],$$

on en déduit donc :

Proposition 2.1.3 *Pour tout $s, t \geq 0$, on a la propriété de semi-groupe :*

$$Q_{t+s}(z, B) = \int_G Q_t(z', B) Q_s(z, dz').$$

pour tout B dans $\mathcal{G}$, et

$$Q_{t+s}f = Q_t(Q_s f).$$

pour toute fonction f mesurable bornée

On appelle *générateur infinitésimal* du semi-groupe Q_t (et du processus de Markov associé) l'opérateur A qui est la dérivée à l'origine du semi-groupe Q_t (cet opérateur A est en général un opérateur non borné) :

$$Af(z) = \lim_{h \downarrow 0} \frac{1}{h} \left\{ \mathbf{E}_z f(Z(h)) - f(z) \right\}.$$

On appelle domaine de A l'espace de toutes les fonctions mesurables bornées f telles que la limite précédente existe pour tout z.

2.2 Processus de transport à vitesses discrètes

Les processus de transport sont des évolutions aléatoires élémentaires; afin de construire ces évolutions aléatoires, nous considérons dans un premier temps pour simplifier, le cas où les vitesses prennent leurs valeurs dans un espace d'état $\mathcal{V} = E$ fini ou dénombrable.

2.2.1 Processus markovien de sauts

Il convient tout d'abord de construire et étudier les processus Markovien de sauts à valeurs dans un espace $\mathcal{V} = E$ fini ou dénombrable. Un tel processus $\{V(t), t \geq 0\}$ a ses trajectoires continues à droite et constantes entre ses sauts, lesquels se produisent à des instants aléatoires $0 \leq T_1(\omega) \leq T_2(\omega) \leq \dots \leq T_n(\omega) \dots$. Si l'on désigne par $\xi_n(\omega)$ la position de $V(t)$ juste après le n-ième saut $T_n(\omega), n \geq 1$, la donnée de $\{V(t); t \geq 0\}$ est équivalente à celle de la double suite $\{T_n, \xi_n; n \geq 0\}$ (les trajectoires de $V(t)$ sont constantes entre les instants T_n).

Pour certaines applications, il convient de pouvoir rendre certains états absorbants : $x \in E$ est dit absorbant si $V_{T_n}(\omega) = x \Rightarrow T_{n+1}(\omega) = +\infty$. On suppose donc que les instants de saut forment une suite croissante :

$$0 = T_0 < T_1 \leq T_2 \leq \dots \leq T_n \leq \dots$$

avec $T_n \in \mathbf{R}_+ \cup \{+\infty\}$, et :

$$T_n(\omega) < T_{n+1}(\omega) \text{ si } T_n(\omega) < \infty \quad ,$$

et en outre que $T_n(\omega) \to +\infty$ quand $n \to \infty$. Une fonction aléatoire $\{V(t); t \geq 0\}$ à valeurs dans E est appelée fonction aléatoire de sauts si elle est de la forme :

$$V(t, \omega) = \sum_{\{n \geq 0; T_n(\omega) < \infty\}} \xi_n(\omega) \mathbf{1}_{[T_n(\omega), T_{n+1}(\omega)[}(t)$$

où les variables aléatoires ξ_n prennent leurs valeurs dans E.

Nous allons construire une fonction aléatoire de sauts particulière. Pour cela, il convient de se donner une fonction bornée positive λ définie sur E et une matrice Markovienne $\{\Pi(v, w); v, w \in E\}$ (c'est à dire une matrice vérifiant : $\Pi(v, w) \geq 0$, pour tout v, w et $\sum_w \Pi(v, w) = 1$ pour tout v); c'est une matrice de transition d'une chaîne de Markov en temps discret à valeurs dans E.

Les variables aléatoires T_1 et ξ_1 sont conditionnellement indépendantes, sachant ξ_0. La loi conditionnelle de T_1 sachant ξ_0 est une loi exponentielle de paramètre $\lambda(x_0)$ et la loi conditionnelle de ξ_1 sachant que ξ_0 est donnée par $\Pi(x_0, .)$.

Plus généralement, pour tout $n \geq 1$, $T_{n+1} - T_n$ et ξ_{n+1} sont conditionnellement indépendants sachant (ξ_n, T_n), la loi conditionnelle de $(T_{n+1} - T_n)$ sachant (T_n, ξ_n) est une loi exponentielle de paramètre $\lambda(\xi_n)$ et la loi conditionnelle de ξ_{n+1} est donnée par :

$$\Pi(\xi_n, .).$$

Ce qui précède précise complètement la loi conditionnelle de la suite infinie $\{(T_n, \xi_n), n \geq 1\}$ sachant ξ_0, et donc aussi la loi conditionnelle de $\{V(t), t > 0\}$ sachant $V(0)$.

On vérifie alors que la fonction aléatoire de sauts $\{V(t), t \geq 0\}$ à valeurs dans E est un processus de Markov appelé *processus markovien de sauts* (ou chaîne de Markov en temps continu), et ce processus est homogène, c'est à dire :

$$\mathbf{P}\left(V(t) = w / V(s) = v\right) = Q_{t-s}(v, w) \quad ,$$

pour tout $t > s$. Q_t est une "matrice markovienne " sur E, appelée matrice de transition dans le temps t. C'est le semi-groupe associé au processus de Markov homogène $\{V(t), t \geq 0\}$. On notera ci-dessous μ_t la loi de probabilité de $V(t)$ sur E, $t \geq 0$. μ_0 est appelée la "loi initiale" du processus $\{V(t); t \geq 0\}$.

Proposition 2.2.1 *Soit* $\{V(t), t \geq 0\}$ *un processus markovien de sauts, de loi initiale* μ *et de matrices de transition* $\{Q_t, t > 0\}$. *Pour tout* $n \in \mathbb{N}$ *,* $0 < t_1 < \cdots < t_n$ *et* $v_0, v_1, \ldots, v_n \in E$, *la loi du vecteur aléatoire* $(V(0), V(t_1), \ldots, V(t_n))$ *est donnée par :*

$$P\left(V(0) = v_0, V(t_1) = v_1, V(t_2) = v_2, \ldots, V(t_n) = v_n\right)$$
$$= \mu_0(v_0) Q_{t_1}(v_0, v_1) Q_{t_2-t_1}(v_1, v_2) \cdots Q_{t_n-t_{n-1}}(v_{n-1}, v_n) \quad .$$

Par conséquent, pour tout $t > 0$:

$$\mu_t = \mu_0 Q_t,$$

au sens où $\mu_t(w) = \sum_{v \in E} \mu_0(v)\, Q_t(v,w)$, *et pour toute fonction positive ou bornée* $g : E \to \mathbf{R}$,

$$\mathbf{E}_v\{g(V(t))\} = (Q_t\, g)(v)$$
$$= \sum_{w \in E} Q_t(v,w)g(w).$$

En outre, les matrices de transition $\{Q_t, t > 0\}$ *vérifient la relation de semi-groupe (équation de Chapman-Kolmogorov) :*

$$Q_s Q_t = Q_{s+t},$$

au sens où $\sum_{z \in E} Q_s(v,z)Q_t(z,w) = Q_{s+t}(v,w)$, *pour* $s, t > 0$ *et* $v, w \in E$.

Démonstration : Il résulte immédiatement de la définition des probabilités conditionnelles et de la propriété de Markov que :

$$\mathbf{P}(V(0) = v_0, V(t_1) = v_1, V(t_2) = v_2, \dots, V(t_n) = v_n)$$
$$= \mathbf{P}\,(V(0) = v_0)\,\mathbf{P}(V(t_1) = v_1/V(0) = v_0) \times$$
$$\times\, \mathbf{P}\,(V(t_2) = v_2/V(0) = v_0, V(t_1) = v_1) \times \cdots \times$$
$$\times\, \mathbf{P}\,(V(t_n) = v_n/V(0) = v_0, V(t_1) = v_1, \dots, V(t_{n-1}) = v_{n-1})$$
$$= \mathbf{P}\,(V(0) = v_0)\,\mathbf{P}(V(t_1) = v_1/V(0) = v_0) \times$$
$$\times\, \mathbf{P}\,(V(t_2) = v_2/V(t_1) = v_1) \times \cdots \times \mathbf{P}\,(V(t_n) = v_n/V(t_{n-1}) = v_{n-1})$$
$$= \mu(v_0)Q_{t_1}(v_0, v_1)Q_{t_2 - t_1}(v_1, v_2) \times \cdots \times Q_{t_n - t_{n-1}}(v_{n-1}, v_n).$$

Dans le cas $n = 1$, cette formule s'écrit :

$$P\,(V(0) = v, V(t) = w) = \mu_0(v)Q_t(v,w)$$

et le second résultat s'en déduit en sommant sur $v \in E$. Par définition de Q_t,

$$P\,(V(t) = w/V(0) = v) = Q_t(v,w)$$

le troisième résultat s'en déduit en multipliant par $g(w)$ et sommant en $w \in E$. Enfin la formule ci-dessus dans le cas $n = 2$ donne, après division par $\mu_0(x_0)$,

$$P\,(V(s) = z, V(s+t) = w/V(0) = v) = Q_s(v,z)Q_t(z,w),$$

le dernier résultat s'en déduit en sommant en $z \in E$. $\qquad\qquad\square$

Nous avons explicité ici la propriété générale de semi-groupe énoncé dans la section précédente. Nous allons maintenant présenter quelques exemples de processus markoviens de saut.

Exemple 1 Un *processus de Poisson* d'intensité λ est un processus markovien de sauts de la forme :

$$V(t) = \sum_{n \geq 0} n\mathbf{1}_{[T_n(\omega), T_{n+1}(\omega)[}(t)$$

où les $\{T_{n+1} - T_n; n \in \mathbb{N}\}$ sont des variables aléatoires indépendantes de loi exponentielle de paramètre constant λ. La matrice de transition associée est :

$$Q_t(v,w) = \left\{ \begin{array}{c} e^{-\lambda t}(\lambda t)^{w-v}/(w-v)!, \text{ si } w \geq v \\ 0, \quad \text{sinon} . \end{array} \right.$$

Exemple 2 *Processus du télégraphe.* Étant donné un processus de Poisson $\{N(t)\}$ d'intensité λ, et une variable aléatoire $V(0)$ à valeur dans $E = \{-1, +1\}$ indépendante de $\{N(t); t \geq 0\}$, on pose :

$$V(t) = V(0)(-1)^{N(t)}, t \geq 0.$$

$\{V(t), t \geq 0\}$ est un processus de Markov, de matrice de transition :

$$Q_t(+1, +1) = Q_t(-1, -1) = e^{-\lambda t} \sum_{n \geq 0} (\lambda t)^{2n}/(2n)!$$

$$Q_t(-1, +1) = Q_t(+1, -1) = e^{-\lambda t} \sum_{n \geq 0} (\lambda t)^{2n+1}/(2n+1)!$$

Exemple 3 Soit un processus de Poisson $(N(t), t \geq 0)$ d'intensité λ. On note ses instants de sauts $0 < T_1 < T_2 < T_3 < \cdots < T_n < \cdots$. On se donne en outre une chaîne de Markov à temps discret $(\xi_n, n \in \mathbb{N})$ à valeurs dans E, de matrice de transition $\{\Pi(u, v); u, v \in E\}$, indépendante du processus N. On vérifie aisément que :

$$V(t) = \sum_{n \geq 0} \xi_n \mathbf{1}_{[T_n, T_{n+1}[}(t), \text{ pour } t \geq 0,$$

est un processus markovien de sauts, de matrice de transition Q_t avec :

$$Q_t(u, v) = e^{-\lambda t} \sum_{n \geq 0} \frac{\lambda^n}{n!} \Pi^n(u, v).$$

Comme il est indiqué dans la section précédente, au semi-groupe d'opérateurs Q_t, on peut associer son *générateur infinitésimal* (qui est la dérivée à droite de Q_t en $t = 0$). Ici, on a le théorème suivant.

Théorème 2.2.2 *Soit $\{Q_t, t > 0\}$ le semi-groupe des matrices de transition d'un processus markovien de sauts $\{V(t), t \geq 0\}$. Alors, il existe une matrice $\{A(v, w); v, w \in E\}$ vérifiant :*

1. *$A(v, w) \geq 0$ si $v \neq w$,*

2. *$A(v, v) = -\sum_{w \in E \setminus \{v\}} A(v, w) \leq 0$.*

(cette dernière égalité étant stricte sauf si l'état v est absorbant) qui est le générateur infinitésimal du semi-groupe (Q_t)), c'est à dire telle que l'on a, lorsque h tends vers 0 :

$$\begin{array}{rcl} Q_h(v, w) &=& hA(v, w) + o(h) \quad si \ v \neq w \\ Q_h(v, v) &=& 1 + hA(v, v) + o(h) \end{array}$$

*En outre, conditionnellement en $V(0) = v$, l'instant de premier saut T_1 et la
position après le premier saut $\xi_1 = V(T_1)$ sont indépendants, T_1 de loi exponentielle de paramètre $q(v) = -A(v,v)$, et ξ_1 de loi sur E donnée par $A(v,.)/q(v)$.*

C'est à dire que $\Pi(v,w) = A(v,w)/q(v)$, $w \neq v$.

Démonstration : Remarquons tout d'abord que :

$$\{T_1 > nh\} \subset \{V(0) = V(h) = \ldots = V(nh)\} \subset \{T_1 > nh\} \cup \{T_2 - T_1 \leq h\}.$$

Comme $\mathbf{P}(T_2 - T_1 \leq h) \to 0$ quand $h \to 0$, on voit que si $h \to 0$, $nh \to t$ (avec $nh \geq t$) :

$$\mathbf{P}(T_1 > t/V(0) = v) = \mathbf{P}(V(0) = V(h) = \cdots = V(nh)/V(0) = v)$$
$$= \lim[Q_h(v,v)]^n$$

L'existence de cette dernière limite entraîne que :

$$\frac{1}{h}[1 - Q_h(v,v)] \to q(v) \in [0, +\infty],$$

quand $h \to 0$, et donc :

$$\mathbf{P}(T_1 > t/V(0) = v) = e^{-q(v)t} \quad .$$

D'où nécessairement $q(v) < \infty$ et $q(v) = 0$ si et seulement si v est absorbant. On pose $A(v,v) = -q(v)$. La démonstration de l'existence des limites de $\frac{1}{h}Q_h(v,w)$ pour $v \neq w$ se fait de façon analogue.

$$\{T_1 \leq t, \xi_0 = v, \xi_1 = w\}$$
$$= \lim_{h \to 0, nh \to t} \sum_{1 \leq m \leq n} \{V(0) = V(h) = \ldots = V((m-1)h) = v, V(mh) = w\}$$

$$\mathbf{P}(T_1 \leq t, \xi_1 = w/V(0) = v)$$
$$= \lim \frac{1 - Q_h(v,v)^n}{1 - Q_h(v,v)} Q_h(v,w)$$
$$= \frac{1 - e^{-q(v)t}}{q(v)} \lim \frac{1}{h} Q_h(v,w).$$

Donc $A(v,w) = \lim \frac{1}{h} Q_h(v,w)$ existe pour $v \neq w$ et :

$$\mathbf{P}(T_1 \leq t, \xi_1 = w/V(0) = v) = (1 - e^{-q(v)t}) \frac{A(v,w)}{q(v)},$$

d'où :

$$\mathbf{P}(T_1 \leq t, \xi_1 = w/V(0) = v) = \mathbf{P}(T_1 \leq t, /V(0) = v)\mathbf{P}(\xi_1 = w/V(0) = v)$$

et :

$$\mathbf{P}(\xi_1 = w/V(0) = v) = \frac{A(v,w)}{q(v)}.$$

⬜

Dans le cas où cardinal $E < \infty$, on déduit immédiatement du Théorème précédent le résultat suivant, qui est vrai même si cardinal $E = +\infty$:

Corollaire 2.2.3   *1. La fonction matricielle $\{Q_t, t \geq 0\}$ est l'unique solution de l'équation :*

$$\frac{dQ_t}{dt} = AQ_t, \quad t > 0; Q_0 = I$$

et $u(t,v) = \mathbf{E}_v[g(V(t))]$ satisfait l'équation de Kolmogorov "rétrograde" :

$$\begin{cases} \dfrac{\partial u}{\partial t}(t,v) & = & \displaystyle\sum_{w \in E} A(v,w)u(t,w), \quad t > 0, v \in E; \\ u(0,v) & = & g(v), v \in E \end{cases}.$$

2. La fonction matricielle $\{Q_t, t \geq 0\}$ est aussi l'unique solution de l'équation :

$$\frac{dQ_t}{dt} = Q_t\, A, \quad t > 0; \quad Q_0 = I$$

En outre, la famille des lois de probabilité marginales $\{\mu_t, t \geq 0\}$ des variables aléatoires $\{V(t); t \geq 0\}$ satisfait l'équation dite de Kolmogorov progressive :

$$\frac{\partial \mu_t(v)}{\partial t} = \sum_{y \in E} \mu_t(y)A(y,v), t > 0, v \in E.$$

L'équation de Kolmogorov progressive est aussi appelée équation de Fokker-Planck et par la suite nous utiliserons plutôt cette dernière dénomination. (Ne pas confondre le concept général d'équations de Fokker-Planck associées à n'importe quel processus de Markov avec les opérateurs de Fokker-Planck-Landau qui interviennent pour la modélisation en théorie cinétique des plasmas).

Démonstration :

Point1   Pour établir l'équation matricielle de Kolmogorov rétrograde, il suffit de dériver $Q_t(v,w)$ en utilisant la propriété de semi-groupe sous la forme :

$$Q_{t+h} = Q_h Q_t.$$

L'équation pour u se déduit alors de l'équation obtenue en multipliant à droite par le vecteur colonne $\{g(.)\}$.

Point 2 L'équation matricielle s'obtient en dérivant à partir de la formule :

$$Q_{t+h} = Q_t Q_h \quad .$$

L'équation de Kolmogorov progressive s'en déduit alors en multipliant à gauche par le vecteur ligne $\{\mu_0(.)\}$, après intégration. $\quad\square$

2.2.2   Construction d'une classe d'évolutions aléatoires. Processus de transport.

Soit $b : \mathbf{R}^d \times E \to \mathbf{R}^d$ qui appartient à l'espace $C^1(\mathbf{R}^d \times E)$. Il résulte des théorèmes classiques sur les équations différentielles ordinaires que pour tout $x \in \mathbf{R}^d$, $v \in E$, l'équation

$$\begin{cases} \dfrac{dX(t)}{dt} &=& b(X(t), v) \\[2mm] X(0) &=& x \end{cases}$$

admet une solution unique $X(t) = \phi_{x,v}(t)$, $t \geq 0$. On peut alors établir le :

Théorème 2.2.4 *Étant donné un processus markovien de sauts $\{V(t); t \geq 0\}$ à valeurs dans E et un vecteur aléatoire $X_0 \in \mathbf{R}^d$, indépendant de $\{V(t); t \geq 0\}$, il existe un unique processus $\{X(t); t \geq 0\}$ à trajectoires continues, tel que pour tout ω dans Ω,*

$$\begin{cases} \dfrac{dX(t,\omega)}{dt} &=& b(X(t,\omega), V(t,\omega)), t \geq 0; \\[2mm] X(0,\omega) &=& X_0(\omega) \end{cases}$$

Démonstration : Utilisons la représentation :

$$V(t,\omega) = \sum_{n \geq 0} \xi_n(\omega) \mathbf{1}_{[T_n(\omega), T_{n+1}(\omega)[}(t) \quad .$$

On voit que l'équation de l'énoncé se résout successivement sur les intervalles $[T_n(\omega), T_{n+1}(\omega)[$, comme suit. Pour $t \in [0, T_1(\omega)[$, on a :

$$X(t,\omega) = \phi_{X_0(\omega), \xi_0(\omega)}(t)$$

et on pose :

$$\eta_1(\omega) = \phi_{X_0(\omega), \xi_0(\omega)}(T_1(\omega)) \quad .$$

Alors, pour $t \in [T_1(\omega), T_2(\omega)[$ on pose :

$$X(t,\omega) = \phi_{\eta_1(\omega), \xi_1(\omega)}(t - T_1(\omega)),$$

et :

$$\eta_2(\omega) = \phi_{\eta_1(\omega),\xi_1(\omega)}(T_2(\omega) - T_1(\omega)) \quad ,$$

et ainsi de suite. Il est facile de vérifier que l'on construit ainsi l'unique solution de l'équation ci dessus. $\square$

Nous voulons maintenant montrer que le couple $\{(X(t), V(t)); t \geq 0\}$ (prenant ses valeurs dans l'ensemble non dénombrable $\mathbf{R}^d \times E$) est un processus de Markov, bien que $\{X(t); t \geq 0\}$ *n'est pas markovien*. On a la :

Proposition 2.2.5 *Le processus* $\{(X(t), V(t)), t \geq 0\}$ *défini au Théorème précédent est un processus de Markov.*

Démonstration : Conditionnellement en $(X(s), V(s)) = (x, v), (X(s + u), V(s+u))$ est une fonction du processus $(V(s+r), 0 \leq r \leq u)$ conditionné par $V(s) = v$, qui est indépendant conjointement de $X(0)$ et de $(V(t), 0 \leq t \leq s)$ [et donc de $((X(t), V(t)), 0 \leq t \leq s)$] puisqu'il est indépendant de $(V(t), 0 \leq t \leq s)$, et que $X(0)$ est indépendant de $(V(t); 0 \leq t \leq s + u)$. $\square$

Ce processus $(X(t), V(t))$, est un processus de transport particulier correspondant à un ensemble discret de vitesses (les processus de transport généraux seront introduits dans la section 6 de ce chapitre).

2.2.3 Générateur infinitésimal du semi-groupe associé

Au processus de Markov $\{(X(t), V(t)), t \geq 0\}$ à valeurs dans $\mathbf{R}^d \times E$ que nous venons de construire, on associe, selon ce qui est dit dans la section 1, l'opérateur linéaire $\mathbf{Q}_t$ qui à toute fonction mesurable bornée $f : \mathbf{R}^d \times E \to \mathbf{R}$, associe la fonction $\mathbf{Q}_t f$ définie par :

$$\mathbf{Q}_t f(x, v) = \mathbf{E}_{x,v} f(X(t), V(t)).$$

De même, on définit le générateur infinitésimal $\mathcal{A}$ du semi-groupe $\mathbf{Q}_t$ (et du processus de Markov associé) par :

$$\mathcal{A}f(x, v) = \lim_{h \downarrow 0} \frac{1}{h} \{\mathbf{E}_{x,v} f(X(h), V(h)) - f(x, v)\}$$

Ici, ce générateur infinitésimal a une expression simple que nous allons donner maintenant. Rappelons que le générateur infinitésimal du processus markovien de sauts $\{V(t); t \geq 0\}$ est $(A(v, v'); v, v' \in E)$.

Proposition 2.2.6 *Le générateur infinitésimal $\mathcal{A}$ du processus de Markov* $\{(X(t), V(t)), t \geq 0\}$ *agit comme suit sur une fonction f de $C_b^1(\mathbf{R}^d \times E)$:*

$$\mathcal{A}f(x, v) = b(x, v) \cdot \nabla f(x, v) + \sum_{v' \in E} A(v, v') f(x, v').$$

Démonstration : On notera $E_{x,v}$ l'espérance conditionnelle sachant que $(X(0), V(0)) = (x, v)$. Soit $f \in C_b^1(\mathbf{R}^d \times E)$, on désigne par T_1 l'instant du premier saut de $\{V(t), t \geq 0\}$.

$$\frac{1}{h} \{\mathbf{E}_{x,v} f(X(h), V(h)) - f(x, v)\}$$

$$= \frac{1}{h} \mathbf{E}_{x,v} \left\{ (f(X(h), V(h)) - f(x, V(h))) \, \mathbf{1}_{\{T_1 > h\}} \right\}$$

$$+ \frac{1}{h} \mathbf{E}_{x,v} \left\{ (f(X(h), V(h)) - f(x, V(h))) \, \mathbf{1}_{\{T_1 \leq h\}} \right\}$$

$$+ \frac{1}{h} \mathbf{E}_{x,v} \left\{ f(x, V(h)) - f(x, v) \right\}.$$

On déduit aisément du Théorème 2.2.2 que le dernier terme du membre de droite converge, quand h tend vers 0, vers $\displaystyle\sum_{v' \neq v} A(v, v') f(x, v')$. Le second terme est majoré en valeur absolue par :

$$\sup_{x,v} |\nabla f(x, v)| \times h^{-1} \left(\mathbf{E}_{x,v}(|X(h) - x|^2)\right)^{1/2} \left(P_{x,v}(T_1 \leq h)\right)^{1/2}$$

$$\leq C \left(P_{x,v}(T_1 \leq h)\right)^{1/2},$$

qui tend vers zéro quand $h \to 0$. Finalement :

$$\frac{1}{h} \mathbf{E}_{x,v} \left\{ (f(X(h), V(h)) - f(x, V(h))) \, \mathbf{1}_{\{T_1 > h\}} \right\}$$

$$= \frac{1}{h} \left\{ f(\phi_{x,v}(h), v) - f(x, v) \right\} P_{x,v}(T_1 > h)$$

$$= \frac{1}{h} \int_0^h b(\phi_{x,v}(s), v) \cdot \nabla \, f(\phi_{x,v}(s), v) ds \times e^{A(x,x)h}$$

Ce dernier terme converge quand h tends vers 0 vers $b(x, v) \cdot \nabla \, f(x, v)$.   □

2.3   Équations de Kolmogorov associées

Nous allons maintenant établir des équations de Kolmogorov associées au processus de transport $\{(X(t), V(t)); t \geq 0\}$. Pour cela, nous allons faire l'hypothèse :

$$\sup_{v \in E} |A(v, v)| < \infty \quad .$$

Cette hypothèse est bien sûr satisfaite dans le cas card$E < \infty$. Elle est trop restrictive pour beaucoup d'applications des processus markoviens de sauts, mais nous nous contenterons d'étudier ce cas dans la suite.

On utilisera les notations suivantes :

$$\mathbf{E}_{s,x,v}(\cdot) = \mathbf{E}(\cdot / X(s) = x, V(s) = v),$$

$$\mathbf{E}_{s,\psi}(\cdot) = \sum_{v \in E} \int_{\mathbf{R}^d} \mathbf{E}_{s,x,v}(\cdot)\psi(x,v)dx$$

pour toute densité de probabilité ψ sur $\mathbf{R}^d \times E$. On notera aussi :

$$C_b^1(\mathbf{R}_+ \times \mathbf{R}^d \times E) = C^1([0, +\infty); C_b^1(\mathbf{R}^d \times E)).$$

2.3.1 Équation de Fokker-Planck

Ainsi qu'il a été dit, nous utilisons cette appellation comme synonyme d'équation de Kolmogorov progressive. Il résulte des calculs faits à la Proposition précédente le :

Lemme 2.3.1 *Si $f \in C_b^1(\mathbf{R}_+ \times \mathbf{R}^d \times E)$, la fonction $t \to \mathbf{E}_{x,v}f(t, X(t), V(t))$ est continûment dérivable et pour tout $t > 0$,*

$$\frac{d}{dt}[\mathbf{E}_{x,v}f(t, X(t), V(t))] = \mathbf{E}_{x,v}\left\{\frac{\partial f}{\partial t}(t, X(t), V(t)) + \mathcal{A}f(t, X(t), V(t))\right\}$$

Soit μ_0 la loi de probabilité de $(X(0), V(0))$ et pour tout $t > 0$, notons :

$$\mu_t : \mathcal{B}_d \times E \to [0, 1]$$

la loi de probabilité de $(X(t), V(t))$, i.e. :

$$\mu_t(B, v) := \mathbf{P}(X(t) \in B, V(t) = v).$$

Pour $f \in C_b(\mathbf{R}^d \times E)$, on notera

$$\begin{aligned}
\mu_t(f) &= \sum_{v \in E} \int_{\mathbf{R}^d} f(x, v)\mu_t(dx, v) \\
&= \mathbf{E}_{0,\mu_0}(f(X(t), V(t)))
\end{aligned}$$

Il résulte immédiatement du Lemme précédent que la collection des mesures de probabilité $\{\mu_t, t \geq 0\}$ satisfait l'équation de Fokker-Planck :

Proposition 2.3.2 *Pour tout f dans $C_b^1(\mathbf{R}^d \times E)$, $t > 0$, :*

$$\mu_t(f) = \mu_0(f) + \int_0^t \mu_s(\mathcal{A}f)ds \quad .$$

Il est facile de voir que si $X(0) = x$, la loi de $X(t)$ n'est pas absolument continue par rapport à la mesure de Lebesgue, puisque $\mathbf{P}(X(t) = \phi_{x,v}(t)) \geq \mathbf{P}(V(0) = v, T_1 > t)$. Par contre, il n'est pas trop difficile de montrer que si la loi de $X(0)$ admet la densité $p_0(x)$ par rapport à la mesure de Lebesgue sur $\mathbf{R}^d$, alors la loi de $X(t)$ est absolument continue par rapport à cette même mesure de Lebesgue, i.e. :

$$\mu_t(dx, v) = p(t, x, v)dx \quad .$$

Notons $\mathcal{A}^*$ l'opérateur adjoint de $\mathcal{A}$ c'est à dire :

$$\mathcal{A}^* f(x, v) = -\mathrm{div}_x(bf)(x, v) + \sum_{v' \in E} A(v', v) f(x, v').$$

On a alors le :

Corollaire 2.3.3 *Supposons que la loi de $(X(0), V(0))$ est de la forme :*

$$\mathbf{P}(X(0) \in B, V(0) = v) = \left(\int_B p_0(x)dx \right) \mathbf{P}(V(0) = v), \qquad B \in B_d, v \in E,$$

alors la densité de la loi de $\{(X(t), V(t)), t \geq 0\}$ satisfait au sens des distributions :

$$\begin{cases} \dfrac{\partial p}{\partial t} &= \mathcal{A}^* p, t > 0 \\[2mm] p(0, x, v) &= p_0(x) \mathbf{P}(V(0) = v). \end{cases}$$

2.3.2 Équation de Kolmogorov rétrograde

Nous pouvons maintenant établir l' "équation de Kolmogorov rétrograde" associée au processus de Markov $\{(X(t), V(t)), t \geq 0\}$.

Théorème 2.3.4 *Soit $g \in C_b^1(\mathbf{R}^d \times E)$. Alors $u(t, x, v) := \mathbf{E}_{x,v} g(X(t), V(t))$ est l'unique élément de $C_b^1(\mathbf{R}_+ \times \mathbf{R}^d \times E)$ solution de l'équation de Kolmogorov rétrograde :*

$$\begin{cases} \dfrac{\partial u}{\partial t}(t, x, v) &= (\mathcal{A}u)(t, x, v), t > 0, x \in \mathbf{R}^d, v \in E; \\[2mm] u(0, x, v) &= g(x, v), x \in \mathbf{R}^d, v \in E. \end{cases}$$

Démonstration : Soit $u \in C_b^1(\mathbf{R}_+ \times \mathbf{R}^d \times E)$ une solution de l'équation ci-dessus. On pose $\overline{u}(s, x, v) = u(t - s, x, v)$, $s \in [0, t]$, $x \in \mathbf{R}^d$, $v \in E$. On remarque alors que :

$$\frac{\partial \overline{u}}{\partial s} + \mathcal{A}\overline{u} = 0$$

Il résulte alors du Lemme ci-dessus que $\mathbf{E}_{x,v}\overline{u}(s, X(s), V(s))$ est constant pour $s \in [0, t]$, donc

$$
\begin{aligned}
\mathbf{E}_{x,v}\overline{u}(0, X(0), V(0)) &= \mathbf{E}_{x,v}\overline{u}(t, X(t), V(t)) \\
u(t, x, v) &= \mathbf{E}_{x,v}g(X(t), V(t)) \quad .
\end{aligned}
$$

Réciproquement, soit u donné par la formule de l'énoncé. Supposons un instant que l'on ait établi le résultat de régularité $u \in C_b^1(\mathbf{R}_+ \times \mathbf{R}^d \times E)$. Fixons $t > 0$, et posons, pour $0 \le s \le t$,

$$
\begin{aligned}
\overline{u}(s, x, v) &= u(t - s, x, v) \\
&= \mathbf{E}_{x,v}g(X(t - s), V(t - s)) \\
&= \mathbf{E}_{s,x,v}g(X(t), V(t)),
\end{aligned}
$$

d'après l'homogénéité du processus de Markov $\{(X(t), V(t))\}$. Soit $0 \le r < t$. Il résulte de la propriété de Markov que :

$$
s \to \mathbf{E}_{r,x,v}\overline{u}(s, X(s), V(s))
$$

est constant sur l'intervalle $[r, t]$. Mais d'après le Lemme 2.3.1, pour $s \in]r, t[$,

$$
0 = \frac{d}{ds}\mathbf{E}_{r,x,v}[\overline{u}(s, X(s), V(s))] = \mathbf{E}_{r,x,v}\left\{\left(\frac{\partial v}{\partial s} + \mathcal{A}v\right)(s, X(s), V(s))\right\}
$$

Passant à la limite quand $r \uparrow s$, on déduit :

$$
\left(\frac{\partial \overline{u}}{\partial s} + \mathcal{A}\overline{u}\right)(s, x, v) = 0
$$

d'où :

$$
\frac{\partial u}{\partial t}(t, x, v) = \mathcal{A}u(t, x, v) \quad .
$$

Il reste à montrer que $u \in C_b^1(\mathbf{R}_+ \times \mathbf{R}^d \times E)$. La dérivabilité en t est une conséquence du même Lemme. La dérivabilité en x se démontre à l'aide de résultats classiques de dérivabilité de la solution d'une équation différentielle ordinaire, et comme g et son gradient sont bornés on en déduit que u et son gradient sont bornés. □

2.3.3 Généralisation

Nous allons maintenant donner des interprétations probabilistes pour des classes d'équations qui généralisent les équations de Kolmogorov rétrograde et de Fokker-Planck. Dans toute la suite on note c une fonction appartenant à $C_b^0(\mathbf{R}^d \times E)$. Notons tout d'abord la généralisation suivante immédiate du lemme 2.3.1 :

Lemme 2.3.5 *Si $f \in C_b^1(\mathbf{R}_+ \times \mathbf{R}^d \times E)$, la fonction :*

$$t \to \mathbf{E}_{x,v} \left\{ \exp \left(\int_0^t c(X(s), V(s)ds \right) f(t, X(t), V(t) \right\}$$

est continûment dérivable et pour tout $t > 0$,

$$\frac{d}{dt} \mathbf{E}_{x,v} \left\{ \exp \left(\int_0^t c(X(s), V(s))ds \right) f(t, X(t), V(t)) \right\}$$

$$= \mathbf{E}_{x,v} \left\{ \exp \left(\int_0^t c(X(s), V(s))ds \right) \left(\frac{\partial f}{\partial t}(t, X(t), V(t)) \right. \right.$$

$$\left. \left. + \mathcal{A}f(t, X(t), V(t)) + (cf)(t, X(t), V(t)) \right) \right]$$

On en déduit par un raisonnement analogue à celui du Théorème 2.3.4 la "formule de Feynman-Kac", qui donne une interprétation probabiliste de l'équation de Kolmogorov rétrograde :

Théorème 2.3.6 *Soit $f, g \in C_b^1(\mathbf{R}^d \times E)$. Alors*

$$u(t, x, v) = \mathbf{E}_{x,v} \left\{ \exp \left(\int_0^t c(X(\zeta), V(\zeta))d\zeta \right) g(X(t), V(t)) \right.$$

$$\left. + \int_0^t \exp \left(\int_0^s c(X(\zeta), V(\zeta))d\zeta \right) f(X(s), V(s))ds \right\}$$

est l'unique élément de $C_b^1(\mathbf{R}_+ \times \mathbf{R}^d \times E)$ solution de l'équation :

$$\begin{cases} \dfrac{\partial u}{\partial t}(t, x, v) & = \ (\mathcal{A}u)(t, x, v) + c(x, v)u(t, x, v) + f(x, v), \\ & \qquad t > 0, x \in \mathbf{R}^d, v \in E \\ u(0, x, v) & = \ g(x, v), \ x \in \mathbf{R}^d, v \in E \quad . \end{cases}$$

Nous allons maintenant considérer une généralisation de l'équation de Fokker-Planck. Soit $p \in C_b(\mathbf{R}^d \times E)$, $f \in C_b(\mathbf{R}_+ \times \mathbf{R}^d \times E)$, tels que :

$$\sum_{v \in E} \int_{\mathbf{R}^d} p(x, v)dx = \alpha < \infty,$$

$$\sum_{v \in E} \int_{\mathbf{R}^d} f(t, x, v)dx = \beta(t) < \infty, \forall t \geq 0,$$

où β est localement intégrable sur $\mathbf{R}^+$. Nous supposons de plus que p et f sont positives (le cas p et f de signes quelconques se traiterait de façon analogue en décomposant $p = p^+ - p^-$, $f = f^+ - f^-$). Posons :

$$p(x, v) = \alpha \bar{p}(x, v), f(t, x, v) = \beta(t)\bar{f}(t, x, v).$$

Théorème 2.3.7 *Soit q une application de* $\mathbf{R}_+ \times \mathbf{R}^d \times E$ *dans* $\mathbf{R}$, *telle que pour tout* $t > 0$,

$$\sum_{v \in E} \int_{\mathbf{R}^d} [|q|(t,x,v) + |\mathcal{A}^*q|\,(t,x,v)]dx < \infty,$$

satisfaisant l'équation :

$$\frac{\partial q}{\partial t}(t,x,v) = (\mathcal{A}^*q)(t,x,v) + c(x,v)q(t,x,v) + f(t,x,v), \qquad x \in \mathbf{R}^d, v \in E$$

$$q(0,x,v) = p(x,v), \qquad x \in \mathbf{R}^d, v \in E.$$

Alors pour tout $\phi \in C_b^1(\mathbf{R}^d \times E)$,

$$\sum_{v \in E} \int_{\mathbf{R}^d} q(t,x,v)\phi(x,v)dx$$

$$= \alpha \mathbf{E}_{0,\bar{p}} \left\{ \phi(X(t),V(t)) \exp\left(\int_0^t c(X(s),V(s))ds \right) \right\}$$

$$+ \int_0^t \beta(s) \mathbf{E}_{s,\bar{f}(s,\cdot)} \left\{ \phi(X(t),V(t)) \exp\left(\int_s^t c(X(r),V(r))dr \right) \right\} ds.$$

Démonstration : Fixons $t > 0$ et posons pour $0 \le s \le t$:

$$u(s,x,v) := \mathbf{E}_{s,x;v} \left\{ \phi(X(t),V(t)) \exp\left(\int_s^t c(X(r),V(r))dr \right) \right\}$$

Alors u est solution de l'équation :

$$\frac{\partial u}{\partial s}(s,x,v) + (\mathcal{A}u)(s,x,v) + (cu)(x,v) = 0, 0 \le s \le t;$$
$$u(t,x,v) = \phi(x,v).$$

Donc, en utilisant les équations satisfaites par u et q,

$$\frac{d}{ds} \sum_{v \in E} \int_{\mathbf{R}^d} u(s,x,v)q(s,x,v)dx$$

$$= \sum_{v \in E} \int_{\mathbf{R}^d} \frac{\partial u}{\partial s}(s,x,v)q(s,x,v)dx + \sum_{v \in E} \int_{\mathbf{R}^d} u(s,x,v)\frac{\partial q}{\partial s}(s,x,v)dx$$

$$= \sum_{v \in E} \int_{\mathbf{R}^d} u(s,x,v)f(s,x,v)dx$$

$$= \beta \mathbf{E}_{s,\bar{f}(s,\cdot)} \left\{ \phi(X(t),V(t)) \exp\left(\int_s^t c(X(r),V(r))dr \right) \right\},$$

d'où, en intégrant de $s = 0$ à $s = t$,

$$\sum_{v \in E} \int_{\mathbf{R}^d} u(t,x,v)q(t,x,v)dx = \sum_{v \in E} \int_{\mathbf{R}^d} u(0,x,v)q(0,x,v)dx$$

$$+ \int_0^t \beta(s)\mathbf{E}_{s,\bar{f}(s,\cdot)}\left\{\phi(X(t),V(t))\exp\left(\int_s^t c(X(r),V(r))dr\right)\right\}ds,$$

ce qui n'est autre que la formule annoncée.   □

2.4   Convergence vers une diffusion

Le but de cette section est de montrer comment la première composante d'un processus de transport convenablement renormalisée $\{(X_\epsilon(t), V_\epsilon(t))\}$ converge vers un processus de diffusion quand $\epsilon \to 0$. De même l'équation de Kolmogorov rétrograde associée à l'évolution aléatoire converge vers une équation de type "équation de la chaleur", i.e. une équation parabolique où l'opérateur aux dérivées partielles en x qui apparaît est un opérateur du second ordre. Les résultats de cette section seront énoncés sans démonstration. On trouvera à la fin de ce chapitre des indications bibliographiques concernant ces résultats. La lecture de cette section n'est pas indispensable pour la suite, son but est d'éclairer la remarque faite dans la section 8 du chapitre suivant sur l'approximation de la solution d'une équation de transport quand le libre parcours tend vers 0.

2.4.1   Théorème de la limite centrale pour un processus markovien de sauts.

Nous allons tout d'abord énoncer des résultats concernant le comportement en temps long d'un processus markovien de sauts.

On dira qu'un processus markovien de sauts à valeurs dans E, de générateur infinitésimal $\{A(v,w); v,w \in E\}$ est *irréductible* si pour tout couple $v \neq w$ d'états, il existe un entier n, et une chaîne d'états $v_0 = v, v_1, \ldots, v_{n-1}, v_n = w$ telle que $A(v_{i-1}, v_i) > 0, 1 \leq i \leq n$.

Théorème 2.4.1 *Soit $\{V(t), t \geq 0\}$ un processus markovien de sauts à valeurs dans E irréductible, de générateur infinitésimal A. Alors il existe au plus une probabilité Π sur E solution de l'"équation de Fokker-Planck stationnaire":*

$$\Pi A \equiv 0, \quad \text{i.e.} \quad \sum_{w \in E} \Pi(w)A(w,v) = 0, v \in E \quad .$$

Si une telle solution Π existe, alors:

a) $\Pi Q_t = \Pi, t \geq 0$,

b) *pour* $y, v \in E$, $\lim_{t \to \infty} Q_t(y, v) = \Pi(v)$, *et plus généralement pour toute probabilité μ sur E, $(\mu Q_t)(v) \to \Pi(v), v \in E$,*

c) *quelle que soit la loi initiale μ_0 :*

$$\frac{1}{t} \int_0^t \mathbf{1}_{\{V(s)=v\}} ds \to \Pi(v) \quad p.s.$$

quand $t \to \infty$, $v \in E$, et plus généralement, pour toute fonction $f : E \to \mathbf{R}$ qui soit Π-intégrable :

$$\frac{1}{t} \int_0^t f(V(s)) ds \to \sum_{v \in E} \Pi(v) f(v) \quad p.s., t \to \infty.$$

La probabilité Π est appelée la *probabilité invariante* du processus de Markov $\{V(t); t \geq 0\}$. Notons qu'une telle probabilité existe toujours dans le cas $\text{card} E < \infty$, ce que nous supposerons par la suite de cette section. a) nous dit que si $\mu_0 = \Pi, \mu_t = \Pi$ pour tout $t > 0$. En outre, toujours si $\mu_0 = \Pi$, le processus $\{V(t); t \geq 0\}$ est *stationnaire* au sens où pour tout $n \in \mathbb{N}$, $0 \leq t_1 < t_2 < \cdots < t_n$, la loi du vecteur aléatoire $(V(t_1 + s), V(t_2 + s), \ldots, V(t_n + s))$ ne dépend pas de $s \geq 0$, ce qui résulte de a) et de la Proposition 2.2.2. b) nous dit que pour tout $\mu_0, \mu_t \to \Pi$ quand $t \to \infty$. Enfin le résultat c), appelé théorème ergodique, est une généralisation de la loi forte des grands nombres. Il dit que la proportion du temps passé entre 0 et t dans l'état v converge vers $\Pi(v)$ quand t tend vers l'infini. On a aussi dans ce contexte une généralisation du théorème de la limite centrale.

Remarque : Pour que l'équation $f = Ag$, avec $f \in L^2(E, \Pi)$ admette une solution $g \in L^2(E, \Pi)$ il faut que $< \Pi, f > = 0$ (en effet $\sum_v \Pi(v) f(v) = \sum_{v, v'} \Pi(v) A(v, v') g(v') = 0$.)

En fait, on le résultat suivant.

Théorème 2.4.2 *Supposons que le processus markovien de sauts $\{V(t); t \geq 0\}$ est irréductible, et qu'il possède une probabilité invariante Π. Soit $f \in L^2(E, \Pi)$ vérifiant $< \Pi, f > = 0$, alors il existe g tel que $Ag = f$. On pose*

$$C(f) := -2 \sum_{v \in E} f(v) g(v) \Pi(v),$$

On a $C(f) > 0$ et de plus :

$$\frac{1}{\sqrt{tC(f)}} \int_0^t f(V(s)) ds \to B,$$

en loi quand $t \to \infty$, où B est une variable aléatoire. gaussienne centrée réduite.

Théorème 2.4.3 *En outre, le processus :*

$$\left\{ \frac{1}{\sqrt{uC(f)}} \int_0^{tu} f(V(s))ds, t \geq 0 \right\},$$

converge en loi vers un mouvement brownien $\{B(t), t \geq 0\}$, quand $u \to \infty$, c'est-à-dire vers un processus gaussien centré continu tel que $E[B(t)B(s)] = \inf(t, s)$.

Le mouvement brownien sera à nouveau introduit au chapitre 5 ci-dessous.

Remarque : Sous les hypothèses du théorème 2.4.2, on peut montrer que g s'écrit en fonction de f sous la forme :

$$g(v) = - \int_0^\infty \mathbf{E}_v[f(V(t))]dt, \quad , v \in E.$$

Il en résulte la formule suivante pour $C(f)$:

$$C(f) = 2 \int_0^\infty \mathbf{E}_\Pi[f(V(0))f(V(t))]dt,$$

où $\{V(t), t \geq 0\}$ est un processus stationnaire de loi initiale Π, ce qui (au moins dans le cas où le processus de Markov est "réversible") s'écrit encore :

$$C(f) = \int_{-\infty}^{+\infty} \mathbf{E}_\Pi[f(V(0))f(V(t))]dt,$$

à condition de définir le processus stationnaire $\{V(t)\}$ pour tout $t \in \mathbf{R}$.

Remarque : Le théorème 2.4.2 s'étend au cas d'une fonction b à valeurs vectorielles. Soit $b \in L^2(E, \Pi; \mathbf{R}^d)$, tel que $< \Pi, b_i >= 0, 1 \leq i \leq d$. Soit $C(b)$ la matrice $d \times d$ telle que :

$$(C(b))_{ij} = - \sum_{v \in E} (b_i(v)g_j(v) + b_j(v)g_i(v))\Pi(v). \qquad \text{où } Ag_i = b_i,$$

Alors la matrice $(C(b))_{ij}$ est symétrique définie positive, on peut définir sa racine carrée notée $(C(b))^{1/2}$ et on a :

$$\left\{ \frac{1}{\sqrt{u}} \int_0^{tu} b(V(s))ds, t \geq 0 \right\} \qquad \to \qquad C(b)^{1/2}B(t)$$

quand $u \to \infty$ où $\{B(t), t \geq 0\}$ est un mouvement brownien à valeurs dans $\mathbf{R}^d$, i.e. un processus gaussien centré tel que $\mathbf{E}[B(t)B(s)^*] = \inf(t, s)I$, où I désigne la matrice identité.

2.4.2 Convergence d'une évolution aléatoire vers une diffusion.

Soit donc $\{V(t), t \geq 0\}$ un processus markovien de sauts irréductible, qui possède une unique probabilité invariante Π. Pour tout $\epsilon > 0$, on pose :

$$V_\epsilon(t) = V(t/\epsilon^2), t \geq 0,$$

et soit $\{X_\epsilon(t), t \geq 0\}$ la solution de l'équation différentielle :

$$\begin{cases} \dfrac{dX_\epsilon(t)}{dt} &= a(X_\epsilon(t)) + \frac{1}{\epsilon}b(V_\epsilon(t)), \\ X_\epsilon(0) &= x_0. \end{cases}$$

On suppose que $a : \mathbf{R}^d \to \mathbf{R}^d$, $b : E \to \mathbf{R}^d$ vérifient les hypothèses :

(i) a est lipschitzien,

(ii) $< \Pi, |b| > < +\infty$, $< \Pi, b_i >= 0$, $i = 1, \ldots, d$.

Il résulte alors du théorème 2.4.2 que :

$$\left\{ \frac{1}{\epsilon} \int_0^t b(V(\frac{s}{\epsilon^2}))ds, t \geq 0 \right\}$$

converge en loi, quand $\epsilon \to 0$, vers $\{(C(b))^{1/2}B(t), t \geq 0\}$.

On en déduit alors à l'aide des théorèmes classiques sur les équations différentielles ordinaires :

Théorème 2.4.4 *Le processus* $\{X_\epsilon(t), t \geq 0\}$ *converge en loi, quand* $\epsilon \to 0$, *vers la solution* $\{X(t), t \geq 0\}$ *de l'équation différentielle stochastique :*

$$\begin{cases} \dfrac{dX}{dt}(t) &= a(X(t)) + (C(b))^{1/2}\dfrac{dB(t)}{dt}, \\ X(0) &= x_0. \end{cases}$$

Notons que comme $B(t)$ n'est pas dérivable au sens usuel (mais seulement au sens des distributions), l'équation différentielle stochastique ci-dessus s'écrit plutôt sous la "forme différentielle" suivante :

$$\begin{cases} dX(t) &= a(X(t))dt + (C(b))^{1/2}dB(t), t \geq 0 ; \\ X(0) &= x_0. \end{cases}$$

Cette écriture est une notation conventionnelle qui signifie en fait que :

$$X(t) = x_0 + \int_0^t a(X(s))ds + (C(b))^{1/2}B(t), t \geq 0.$$

Nous allons maintenant indiquer une généralisation du théorème 2.4.4.

$\{V_\epsilon(t); t \geq 0\}_{\epsilon>0}$ étant défini comme précédemment, on considère l'équation différentielle ordinaire perturbée par $\{V_\epsilon(t)\}$:

$$\begin{cases} \dfrac{dX_\epsilon(t)}{dt} &= a(X_\epsilon(t), V_\epsilon(t)) + \frac{1}{\epsilon}b(X_\epsilon(t), V_\epsilon(t)), \\ X_\epsilon(0) &= x_0; \end{cases}$$

et l'on fait les hypothèses suivantes sur les coefficients :

(i) pour tout $v \in E$, $x \to a(x,v)$ et $x \to b(x,v)$ sont des applications lipschitziennes, de $\mathbf{R}^d$ dans lui-même.

(ii) il existe $c > 0$ tel que :

$$\sum_v (|a(x,v)| + |b(x,v)|)\Pi(v) \leq c(1 + |x|)$$

(iii)

$$\sum_v b(x,v)\Pi(v) = 0, x \in \mathbf{R}^d,$$

et pour tout $1 \leq i \leq d$, il existe $g_i(x,v)$ tel que :

$$(Ag_i)(x,v) = b_i(x,v), \qquad 1 \leq i \leq d, x \in \mathbf{R}^d, v \in E,$$

$$\sum_v (|b(x,v)|^2 + |g(x,v)|^2)\Pi(v) \leq c(1 + |x|^2),$$

On définit en outre pour tout i, $1 \leq i \leq d$ et $x \in \mathbf{R}^d$:

$$\bar{a}_i(x) = \sum_v a_i(x,v)\Pi(v) - \sum_v b(x,v) \cdot \nabla_x g_i(x,v)\Pi(v),$$

$$C(b(x))_{ij} = -\sum_v [b_i(x,v)g_j(x,v) + g_i(x,v)b_j(x,v)]\Pi(v),$$

De même que précédemment, la matrice C_{ij} est semi définie positive on peut donc définir sa racine carrée. On suppose que :

(iv) $\bar{a}_i$, $[C(b)]_{i,j}^{1/2} \in C^1(\mathbf{R}^d)$, $1 \leq i,j \leq d$, et sont à dérivées partielles du premier ordre bornées.

On a alors, sous les hypothèses ci-dessus, le résultat de convergence suivant :

Théorème 2.4.5 *Le processus $\{X_\epsilon(t); t \geq 0\}$ converge en loi quand $\epsilon \to 0$ vers la solution $\{X(t); t \geq 0\}$ de l'équation différentielle stochastique*

$$\begin{cases} dX(t) &= \bar{a}(X(t))dt + [C(b)]^{1/2}(X(t))dB(t), t \geq 0, \\ X(0) &= x_0. \end{cases}$$

On se reportera au chapitre 5 ci-dessous pour une présentation des équations différentielles stochastiques.

2.4.3 Convergence des équations de Kolmogorov asso-ciées.

Au vu des formules de Feynman-Kac contenues dans les théorèmes 2.3.6 et 2.3.7, le théorème de convergence en loi ci-dessus entraîne le résultat de convergence suivant sur les équations aux dérivées partielles.

Soit $u_\epsilon = u_\epsilon(t, x, v)$ l'unique solution (au sens du théorème 2.3.6) de l'équation :

$$\begin{cases} \dfrac{\partial u_\epsilon}{\partial t}(t, x, v) = \left(a + \dfrac{1}{\epsilon}b\right) \cdot \nabla_x u_\epsilon \\[2mm] \qquad\qquad + \dfrac{1}{\epsilon^2} \sum_{v' \in E} A(v, v') u_\epsilon(x, v') + d.u_\epsilon + f(x, v) \\[2mm] \qquad\qquad\qquad\qquad t \geq 0, x \in \mathbf{R}^d, v \in E \\[2mm] u_\epsilon(0, x, v) = u_0(x, v), \qquad x \in \mathbf{R}^d, v \in E. \end{cases}$$

Alors quand $\epsilon \to 0$, on a :

$$u_\epsilon(t, x, v) \to u(t, x) \qquad \forall (t, x, v) \in \mathbf{R}_+ \times \mathbf{R}^d \times E$$

où $u(t, x)$ est l'unique solution de l'équation parabolique :

$$\begin{cases} \dfrac{\partial u}{\partial t}(t, x) = Lu(t, x) + \bar{d}(x)u + \bar{f}(x), \qquad t \geq 0, x \in \mathbf{R}^d, \\[2mm] u(0, x) = \bar{u}_0(x), x \in \mathbf{R}^d, \end{cases}$$

avec :

$$L = \frac{1}{2} \sum_{i,j=1}^{d} C(b)_{ij} \frac{\partial^2}{\partial x_i \partial x_j} + \sum_{i=1}^{d} \bar{a}_i(x) \frac{\partial}{\partial x_i}$$

$$\bar{d}(x) = \sum_{v \in E} d(x, v)\Pi(v), \bar{f}(x) = \sum_{v \in E} f(x, v)\Pi(v),$$

$$\bar{u}_0(x) = \sum_{v \in E} u_0(x, v)\Pi(v).$$

On aurait un résultat de convergence analogue pour des équations "de type Fokker-Planck".

Un cas particulier, tout à fait pertinent dans l'application aux équations de transport, est le cas particulièrement simple où $E \subset \mathbf{Z}^d$, $a = 0$, $b(v) = v$ (ou autrement dit b est l'injection naturelle de $\mathbf{Z}^d$ dans $\mathbf{R}^d$). Dans ce cas :

$$X_\epsilon(t) = x_0 + \frac{1}{\epsilon} \int_0^t V(s/\epsilon^2)ds,$$

On note C la matrice définie positive :

$$C_{ij} = \int_0^\infty \mathbf{E}[V_i(0)V_j(t) + V_j(0)V_i(t)]dt,$$

Il résulte du théorème 2.4.2 que $X_\epsilon \to X$, où $X(t) = x_0 + (C)^{1/2} B(t)$. De plus $\{B(t), t \geq 0\}$ est un mouvement brownien de dimension d.

On montre alors que $u_\epsilon = u_\epsilon(t, x, v)$, solution de l'équation de transport :

$$\begin{cases} \dfrac{\partial u_\epsilon}{\partial t} & = \dfrac{1}{\epsilon} v \cdot \nabla_x u_\epsilon + \dfrac{1}{\epsilon^2} \displaystyle\sum_{v' \in E} A(v, v') u_\epsilon(x, v') + d u_\epsilon + f, \\ & \text{pour } t \geq 0, x \in \mathbf{R}^d, v \in \mathbf{Z}^d \\ u_\epsilon(t, x, v) & = u_0(x, v), \qquad x \in \mathbf{R}^d, v \in \mathbf{Z}^d, \end{cases}$$

converge vers u, solution de l'équation parabolique :

$$\begin{cases} \dfrac{\partial u}{\partial t} & = \dfrac{1}{2} \displaystyle\sum_{i,j=1}^{d} C_{ij} \dfrac{\partial u}{\partial x_i \partial x_j}(x) + \bar{d}(x) u(x) + \bar{f}(x), \qquad t \geq 0, x \in \mathbf{R}^d \\ u(0, x) & = \bar{u}_0(x), \qquad x \in \mathbf{R}^d. \end{cases}$$

2.5   Processus de transport généraux

Nous allons généraliser la démarche de la section 3. Le processus de sauts $\{V(t); t \geq 0\}$ prendra maintenant ses valeurs dans $\mathcal{V} = \mathbf{R}^k$. En outre, nous considérerons des "évolutions aléatoires générales", dont la composante discontinue $\{V(t)\}$ ne sera plus par elle-même un processus de Markov. Tout ce qui est dit ici est valable également dans le cas où $\mathcal{V}$ est un ouvert de $\mathbf{R}^k$ (dans ce cas et s'il y a un terme non nul de dérive en vitesse, il convient alors de bien préciser les conditions aux limites sur la frontière $\partial \mathcal{V}$, voir la section 4 du chapitre suivant).

2.5.1   Processus markovien de sauts à valeurs dans $\mathbf{R}^k$.

Nous allons décrire un processus $\{V(t); t \geq 0\}$ markovien de sauts à valeurs dans $\mathbf{R}^k$. Le processus $\{V(t); t \geq 0\}$ sera à nouveau de la forme :

$$V(t) = \sum_{\{n \geq 0; T_n < \infty\}} \xi_n \mathbf{1}_{[T_n, T_{n+1}[}(t)$$

où les instants de sauts prennent leurs valeurs dans $\mathbf{R}_+ \cup \{+\infty\}$, $T_n < T_{n+1}$ sur l'ensemble $\{T_n < \infty\}$, $T_n \to \infty$ p.s. quand $n \to \infty$, et les variables aléatoires ξ_n prennent leurs valeurs dans $\mathbf{R}^k$.

On se donne un noyau de transition Π sur $\mathbf{R}^k$, c'est à dire $\forall v \in \mathbf{R}^k$, $\Pi(v, .)$ est une probabilité sur $\mathbf{R}^k$ vérifiant

(i) $\Pi(v, \{v\}) = 0$,

(ii) $\forall B \in \mathcal{B}_k$, $v \to \Pi(v, B)$ est une application mesurable,

On suppose que λ est une application mesurable de $\mathbf{R}^k$ dans $\mathbf{R}_+$, qui vérifie :

$$\bar{\lambda} := \sup \lambda(v) < \infty \quad .$$

Précisons tout d'abord la loi conditionnelle du couple (T_1, ξ_1), sachant que $V(0) = v$. Conditionnellement en $V(0) = v$, T_1 et ξ_1 sont indépendants, T_1 suit une loi exponentielle de paramètre $\lambda(v)$ et la loi de ξ_1 est donnée par $\Pi(v, .)$.

Il y a deux façons de construire le processus $\{V(t)\}$ qui seront associées à deux techniques de Monte-Carlo (choc réel ou choc fictif). Décrivons tout d'abord la méthode directe (choc réel) : Pour tout $n \geq 1$, la loi conditionnelle de $(T_{n+1} - T_n, \xi_{n+1})$ sachant (T_n, ξ_n) est la loi :

$$\lambda(\xi_n) e^{-\lambda(\xi_n)t} dt \Pi(\xi_n, dv).$$

Ce qui précède précise complètement la loi conditionnelle de la suite infinie $\{(T_n, \xi_n), n \geq 1\}$ sachant ξ_0, et donc aussi la loi conditionnelle de $\{V(t), t > 0\}$ sachant $V(0)$.

On peut aussi construire le processus $\{V(t)\}$ par la méthode suivante dite du choc fictif : Soit $\{N(t), t \geq 0\}$ un processus de Poisson d'intensité $\bar{\lambda}$ dont les instants de saut seront notés $S_1, S_2, \ldots$, et $\{\eta_n, n \in \mathbb{N}\}$ une chaîne de Markov à valeurs dans $\mathbf{R}^k$ indépendante de $\{N(t)\}$, de noyau de transition $\bar{\Pi}(v, dv')$ défini comme suit :

$$\bar{\Pi}(v, dv') = \bar{\lambda}^{-1}[(\bar{\lambda} - \lambda(v))\delta_v(dv') + \lambda(v)\Pi(v, dv')],$$

où δ_v désigne la mesure de Dirac au point v. On peut alors vérifier que le processus :

$$V(t) := \sum_{n=0}^{\infty} \eta_n \mathbf{1}_{[S_n, S_{n+1}[}(t), t \geq 0$$

satisfait les propriétés énoncées ci-dessus, pourvu que la loi de η_0 coïncide avec celle de ξ_0.

On démontre alors le :

Théorème 2.5.1 $\{V(t), t > 0\}$ *est un processus de Markov homogène.*

Désignant toujours par A le générateur infinitésimal de $\{V(t); t \geq 0\}$, on a pour $f \in C_b(\mathbf{R}^k)$:

$$\begin{aligned}
(Af)(v) &= \lambda(v) \left\{ \int_{\mathbf{R}^k} f(v')\Pi(v, dv') - f(v) \right\} \\
&= \lambda(v) \int_{\mathbf{R}^k} [f(v') - f(v)]\Pi(v, dv') \quad .
\end{aligned}$$

2.5.2   Processus de transport et équations de Kolmogorov associées.

Une première généralisation possible des "évolutions aléatoires élémentaires" consisterait à remplacer le processus markovien V à valeurs dans E par un processus markovien de sauts à valeurs dans $\mathbf{R}^k$, comme défini ci-dessus. Cependant, cette généralisation n'est pas vraiment satisfaisante pour notre objet. Dans les applications que nous avons en vue, $X(t)$ représentera la position d'une particule, et $V(t)$ sa vitesse. Dans certains modèles, la vitesse est supposée constante entre les chocs (ce que nous appelons ici les sauts). Dans d'autres, elle ne l'est pas. Mais surtout, il n'y a pas de raison de supposer que la loi des instants de choc ne dépend que de leur vitesse, et pas de leur position !

Nous allons donc maintenant construire une classe d'évolutions aléatoires plus générale. On considérera le processus $\{Z(t) = (X(t), V(t)); t \geq 0\}$ à valeurs dans $\mathbf{R}^l$ ($l = d + k$). Dans un premier temps, afin de simplifier les écritures, on ne distinguera pas les coordonnées $X(t)$ et $V(t)$ de $Z(t)$. On précisera plus loin que seule la vitesse (et non la position) a une discontinuité aux instants de choc. De même on écrira $z = (x, v)$.

Pour définir les instants de saut successifs, on se donne une application mesurable bornée λ de $\mathbf{R}^l$ dans $\mathbf{R}_+$, notons :

$$\bar{\lambda} = \operatorname{Sup}\lambda.$$

On se donne également un noyau de transition Π sur $\mathbf{R}^l$ qui vérifie :

- $\forall z \in \mathbf{R}^l, B \to \Pi(z; B)$ est une probabilité sur $\mathbf{R}^l$ telle que $\Pi(z; \{z\}) = 0$

- Pour tout $B \in \mathcal{B}_l$, $z \to \Pi(z; B)$ est une application borélienne.

Enfin on se donne $b \in C_b^1(\mathbf{R}^l; \mathbf{R}^l)$, en notant b_1, b_2 respectivement les d premières composantes de b et les k dernières. Construisons maintenant le processus $Z(t)$.

- Entre les sauts, ce processus satisfait l'équation différentielle ordinaire :

$$\frac{dZ(t)}{dt} = b(Z(t)),$$

- Les sauts peuvent être définis de deux façons différentes :

  1. Étant donné un processus de Poisson $\{N(t), t \geq 0\}$ d'intensité $\bar{\lambda}$, à chaque instant de saut t de ce processus de Poisson, on procède à un tirage aléatoire de Bernoulli (indépendant du processus de Poisson et de tout le reste), pour décider avec la probabilité $\bar{\lambda}^{-1}(\bar{\lambda} - \lambda(Z(t-)))$ de ne pas modifier Z, et avec la probabilité $\bar{\lambda}^{-1}\lambda(Z(t-))$ de "faire sauter" Z. Dans le cas où Z saute à l'instant t, il le fait indépendamment du processus de Poisson, des tirages de Bernoulli, et des sauts précédents, suivant la loi de probabilité $\Pi(Z(t-); dz)$.(On se réfère ici à la technique dite de "choc fictif").

2. Étant donné un processus de Poisson $\{N(t), t \geq 0\}$ d'intensité 1, soit $0 < T_1 < T_2 < \cdots < T_n < \cdots$ ses instants de saut successifs. Le $n-$ième saut du processus $\{Z(t), t \geq 0\}$ a lieu à l'instant S_n tel que $\int_0^{S_n} \lambda(Z_s) ds = T_n$, $n \geq 1$, où $\{Z(t), t \geq 0\}$ est défini comme la solution de l'équation différentielle ordinaire ci dessus, sur chaque intervalle $[S_{n-1}, S_n]$, et la loi du saut à chaque instant S_n est décrite comme dans la première étape. On remarque que la probabilité qu'un saut ait lieu dans l'intervalle $[t, t + dt)$ est égale à $\lambda(Z(t))dt$, à $(dt)^2$ près (C'est la technique dite de "choc réel").

Désignons par $\{\phi_z(t); t \geq 0\}$ la solution de l'équation différentielle ordinaire :

$$\frac{dZ(t)}{dt} = b(Z(t)), t > 0; Z(0) = z.$$

Et notons $T_1, T_2, \ldots, T_n$, les instants de saut. On peut alors montrer que conditionnellement en $Z(0) = z$, T_1 et $Z(T_1)$ sont indépendants, la loi conditionnelle du premier instant de saut T_1 est donnée par :

$$\mathbf{P}(T_1 > t / Z(0) = z) = \exp\left\{-\int_0^t \lambda(\phi_z(s)) ds\right\}, t > 0,$$

et la loi conditionnelle de $Z(T_1)$, sachant que $Z(0) = z$ et $T_1 = t$, est donnée par :

$$\mathbf{P}(Z(T_1) \in B / Z(0) = z, T_1 = t) = \Pi(\phi_z(t); B), B \in \mathcal{B}_l.$$

On a ainsi précisé la loi de probabilité conditionnelle $\Lambda_z(dt, dz')$ de la paire $T_1, Z(T_1)$, sachant que $Z(0) = z$, qui peut s'expliciter par la formule :

$$\Lambda_z(dt, dz') = \lambda(\phi_z(t)) \exp[-\int_0^t \lambda(\phi_z(s)) ds] \Pi(\phi_z(t); dz') dt.$$

Plus généralement, pour tout $n \in \mathbb{N}$, la loi conditionnelle de $(T_{n+1} - T_n, Z(T_{n+1}))$ sachant $(T_n, Z(T_n))$ est la loi $\Lambda_{Z(T_n)}(dt, dz)$. On peut alors montrer le

Théorème 2.5.2 *Le processus $\{Z(t); t \geq 0\}$ est un processus de Markov homogène.*

Le générateur infinitésimal de $\{Z(t)\}$ est l'opérateur $\mathcal{A}$ qui agit comme suit sur les fonctions $\phi \in C_b^1(\mathbf{R}^l)$:

$$\mathcal{A}\phi(z) = b(z) \cdot \frac{\partial}{\partial z} \phi(z) + \lambda(z) \int_{\mathbf{R}^l} [\phi(z') - \phi(z)] \Pi(z; dz').$$

Avant de considérer les équations de Kolmogorov associées, nous allons préciser la forme du noyau Π. Nous supposerons que les trajectoires de $\{X(t)\}$ sont continues, i.e. :

$$\Pi(x, v; \{x\} \times \mathbf{R}^k) = 1.$$

On peut donc se contenter de considérer $\Pi(z;dz')$ comme une mesure sur $\mathbf{R}^k$, que l'on notera $\Pi(x,v;dv')$. On supposera dorénavant que ce noyau de transition est absolument continu par rapport à la mesure de Lebesgue (cela n'est pas indispensable pour l'équation de Kolmogorov rétrograde mais c'est nécessaire pour l'équation de Fokker-Planck), c'est à dire qu'il existe une application mesurable π de $\mathbf{R}^d \times \mathbf{R}^k \times \mathbf{R}^k$ dans $\mathbf{R}_+$ telle que :

$$\Pi(x,v;dv') = \pi(x,v;v')dv'.$$

Alors l'opérateur $\mathcal{A}$ s'écrit :

$$\mathcal{A}\phi(x,v) = b_1(x,v) \cdot \frac{\partial}{\partial x}\phi(x,v) + b_2(x,v) \cdot \frac{\partial}{\partial v}\phi(x,v)$$
$$+ \lambda(x,v)[\int_{\mathbf{R}^l} \phi(x,v')\pi(x,v;v')dv' - \phi(x,v)]$$

On a la "formule de Feynman-Kac" (voir le théorème 2.3.6.

Théorème 2.5.3 *Soit c, f, $g \in C_b^1(\mathbf{R}^l)$. Si λ et $\Pi(\cdot;dv')$ sont des éléments de $C_b^1(\mathbf{R}^l)$, alors :*

$$u(t,z) =$$
$$\mathbf{E}_z\left\{\exp\left(\int_0^t c(Z(\zeta))d\zeta\right)g(Z(t)) + \int_0^t \exp\left(\int_0^s c(Z(\zeta))d\zeta\right)f(Z(s))ds\right\}$$

est l'unique élément de $C_b^1(\mathbf{R}_+ \times \mathbf{R}^l)$ solution de l'équation :

$$\begin{cases} \dfrac{\partial u}{\partial t}(t,z) &= (\mathcal{A}u)(t,z) + c(z)u(t,z) + f(z) \quad , \quad z \in \mathbf{R}^l; \\[2mm] u(0,z) &= g(z) \quad , \quad z \in \mathbf{R}^l \quad . \end{cases}$$

On peut aussi considérer l'équation de "Fokker-Planck" associée au processus $\{Z(t)\}$. Notons $\mathcal{A}^*$ l'opérateur adjoint de $\mathcal{A}$, c'est à dire :

$$\mathcal{A}^*\phi(z) = -\mathrm{div}_z(b\phi)(z)$$
$$+ \int_{\mathbf{R}^k} \lambda(x,v')\phi(x,v')\pi(x,v';v)dv' - \lambda(x,v)\phi(x,v),$$
$$= \mathrm{div}_x(b_1(x,v)\phi(x,v)) + \mathrm{div}_v(b_2(x,v)\phi(x,v))$$
$$+ \int_{\mathbf{R}^k} \lambda(x,v')\phi(x,v')\pi(x,v';v)dv' - \lambda(x,v)\phi(x,v)$$

On sait alors que si la loi de $Z(0)$ est absolument continue par rapport à la mesure de Lebesgue sur $\mathbf{R}^l$, il en est de même pour la loi de $Z(t)$. Supposons que la densité p_0 de $Z(0)$ est dans $C_b^1(\mathbf{R}^l)$, alors la densité $p(t,z)$ de $Z(t)$ satisfait l'équation de Fokker-Planck :

$$\begin{aligned} \frac{\partial p}{\partial t}(z) &= \mathcal{A}^*p(z) \\ p(0,z) &= p_0(z) \end{aligned}$$

On a enfin la généralisation suivante de l'équation de Fokker-Planck (voir le théorème 2.3.7). Soit c une fonction dans $C_b^1(\mathbf{R}^l)$. Soit $p \in C_b^1(\mathbf{R}^l)$, $f \in C_b^1(R_+ \times \mathbf{R}^l)$ positifs, tels que $\int_{\mathbf{R}^l} p(z)dz = \alpha < \infty$, $\int_{\mathbf{R}^l} f(t,z)dz = \beta(t) < \infty, t \geq 0$. On pose comme dans la section 3 :

$$p(z) = \alpha \bar{p}(z), f(t,z) = \beta(t) \bar{f}(t,z).$$

Théorème 2.5.4 *Soit* $q \in L^1((0,T) \times \mathbf{R}^l)$ *(tel que* $\mathcal{A}^* q \in L^1((0,T) \times \mathbf{R}^l)$*) solution de l'équation :*

$$\begin{cases} \dfrac{\partial q}{\partial t}(z) &= (\mathcal{A}^* q)(z) + c(z)q(z) + f(z), t > 0, z \in \mathbf{R}^l; \\[2mm] q(0,z) &= p(z), z \in \mathbf{R}^l \quad . \end{cases}$$

alors pour tout $\phi \in C_b^1(\mathbf{R}^l)$,

$$\int_{\mathbf{R}^l} q(t,z)\phi(z)dz = \alpha \mathbf{E}_{0,\bar{p}} \left\{ \phi(Z(t)) \exp \left(\int_0^t c(Z(\zeta))d\zeta \right) \right\}$$

$$+ \int_0^t \beta(s) \mathbf{E}_{s,\bar{f}(s,\cdot)} \left\{ \phi(Z(t)) \exp \left(\int_s^t c(Z(\zeta))d\zeta \right) \right\} ds.$$

2.6 Application aux équations de transport

Nous nous plaçons dorénavant dans le cas où $k = d$ et où $v \in \mathcal{V}$, qui est un borélien de $\mathbf{R}^d$. Considérons l'équation suivante satisfaite par $u(t,x,v)$:

$$\begin{cases} \dfrac{\partial u}{\partial t} + v.\dfrac{\partial u}{\partial x} + \tau u &= \mathcal{L}u + f \\ u(0,\cdot) &= g, \end{cases} \tag{2.1}$$

où $\tau = \tau(x,v)$ est une fonction positive bornée et :

$$(\mathcal{L}\phi)(t,x,v) = \int_{\mathcal{V}} l(x,v,v')\phi(x,v')dv',$$

avec l un noyau positif, borné. Les fonctions f et g satisfont aux mêmes hypothèse que ci-dessus.

On peut généraliser ce modèle en considérant une équation de "Vlasov collisionnelle" (pour ce modèle, on doit supposer que $\mathcal{V}$ est un ouvert de $\mathbf{R}^d$) :

$$\begin{cases} \dfrac{\partial u}{\partial t} + v \cdot \dfrac{\partial}{\partial x}u + \operatorname{div}_v(au) + \tau u &= (\mathcal{L}u) + f, \\[3mm] u(0,.) &= g, \end{cases}$$

où $a : \mathbf{R}^d \times \mathcal{V} \to \mathbf{R}^d$, est tel que $a_j(.) \in C_b^1(\mathbf{R}^d \times \mathcal{V})$ et $a_j(x,.)$ est dans $C_b^1(\mathcal{V})$, pour $0 \leq j \leq d$.

On peut également considérer l'équation précédente ou (2.1) sur un domaine spatial $\mathcal{D}$ qui est un ouvert de $\mathbf{R}^d$. Dans ce cas, pour que le problème soit bien posé, il convient bien sûr de rajouter des conditions aux limites : $u(x, v)$ doit être donné pour les $x \in \partial\mathcal{D}$ et $v \in \mathcal{V}$ tels que $\vec{n}_x \cdot \vec{v} > 0$ ($\vec{n}_x$ étant la normale intérieure à $\partial\mathcal{D}$ en x). D'autre part si $\mathcal{V}$ n'est pas $\mathbf{R}^d$ en entier, il convient de se donner une condition sur le bord $\partial\mathcal{V}$ de la façon qui est précisée dans la section 4 du chapitre suivant.

Concernant l'analyse mathématique des équations de transport et de leurs conditions aux limites, on pourra consulter par exemple [DL84].

Du point de vue numérique, il est fondamental de bien distinguer deux points de vue différents, que ce soit pour les problèmes (2.1) ou (2.6) (et quelles que soient les conditions aux limites).

A   On désire évaluer la solution u en un point donné (ou en un nombre fini de tels points).

B   On veut évaluer la solution u sur tout le domaine de calcul.

Remarquons qu'il est indispensable d'adopter le point de vue B si on est confronté à des problèmes (faiblement) non linéaires par exemple si les coefficients a, τ, l dépendent de la solution u.

Si l'on adopte le point de vue A, il convient alors de considérer l'équation originelle (2.6) comme une équation de type Kolmogorov rétrograde (modifiée du fait que la vitesse des particules n'est plus v mais $-v$ (voir ci-dessous)) et si l'on adopte le point de vue B, l'équation originelle sera considérée comme une équation de type Fokker-Planck .

Cette dichotomie correspond à deux interprétations probabilistes possibles de l'équation (2.6), suivant qu'on la considère comme une équation "de type Kolmogorov rétrograde" , ou une équation "de type Fokker-Planck".

Point de vue A   : Interprétation comme une équation de type Kolmogorov rétrograde.

On peut mettre l'équation (2.6) sous la forme :

$$\frac{\partial u}{\partial t} = \mathcal{A}u + cu + f \quad , \qquad u(0) = g$$

avec :

$$\mathcal{A}u = -v . \frac{\partial}{\partial x} u - a . \frac{\partial}{\partial v} u + \lambda(x, v) \int_{\mathcal{V}} (u(x, v') - u(x, v)) \pi(x, v; v') dv'.$$

Il suffit de choisir :

$$\lambda(x, v) = \int_{\mathcal{V}} l(x, v; v') dv', \qquad \pi(x, v; v') = \frac{l(x, v; v')}{\lambda(x, v)},$$

$$c(x, v) = \lambda(x, v) - \tau(x, v) - \sum_i \frac{\partial}{\partial v_i} a_i(x, v).$$

L'application b introduite ci-dessus correspond alors à :

$$b(x,v) = \begin{pmatrix} -v \\ -a(x,v) \end{pmatrix} ,$$

Point de vue B   Interprétation comme une équation de type Fokker-Planck. On peut mettre l'équation (2.6) sous la forme :

$$\frac{\partial u}{\partial t} = \mathcal{A}^* u + \tilde{c}u + f \quad , \qquad u(0) = g$$

avec :

$$\mathcal{A}^* u = -v.\frac{\partial}{\partial x}u - \text{div}_v(au)$$
$$+ \int_V \tilde{\lambda}(x,v')u(x,v')\tilde{\pi}(x,v',v)dv' - \tilde{\lambda}(x,v)u(x,v).$$

Il suffit de choisir :

$$\tilde{\lambda}(x,v) = \int_V l(x,v',v)dv', \qquad \tilde{\pi}(x,v',v) = \frac{l(x,v,v')}{\tilde{\lambda}(x,v)},$$

$$\tilde{c}(x,v) = \tilde{\lambda}(x,v) - \tau(x,v).$$

L'application b introduite ci-dessus correspond alors à :

$$\tilde{b}(x,v) = \begin{pmatrix} v \\ a(x,v) \end{pmatrix} .$$

Bien sûr, ces deux interprétations sont encore valables dans le cas de l'équation (2.1); il suffit de choisir $a = 0$ dans ce qui précède.

2.7   Commentaires bibliographiques

Il existe beaucoup de livres qui présentent les processus markoviens de sauts à valeurs dans un espace fini ou dénombrable E. Citons Bouleau [Bou88], Brémaud [Bré81], Cinlar [Cin75] et Karlin, Taylor [KT81].

Les deux dernières sections doivent beaucoup à Dautray [Dau89]. On trouvera une présentation assez complète des "évolutions aléatoires" dans Pinsky [Pin91]. Les résultats de convergence vers une diffusion sont largement étudiés dans Ethier, Kurtz [EK86] et Kushner [Kus90]. Breiman [Bre68] donne une présentation des processus de Markov à valeurs dans les espaces généraux. On trouvera la plupart les démonstrations des résultats énoncés dans ce chapitre dans [Par93]. Pour les résultats de la section 2.4 on renvoit au chapitre 2 de [Pap75].

Chapitre 3

Méthode de Monte-Carlo pour les équations de transport

Dans ce chapitre, nous présentons les méthodes de Monte-Carlo, pour les équations linéaires de transport, du type des équations présentées dans le chapitre précédent. Nous allons tout d'abord indiquer le principe des deux méthodes, à savoir d'une part la "méthode de Monte-Carlo adjointe", qui est basée sur l'interprétation de l'équation de transport comme une équation "de type Kolmogorov rétrograde" (c'est-à-dire que l'on adopte le point de vue A de la section 2.5) et d'autre part la "méthode de Monte-Carlo directe", qui est basée sur l'interprétation de l'équation de transport comme une équation "de type Fokker-Planck" (point de vue B). Nous pourrons ensuite énoncer des résultats de convergence de ces méthodes, qui résultent très simplement des formules du chapitre précédent, et de la loi des grands nombres.

Cela sera l'objet des sections 2 et 3, dans le cas où $x \in \mathcal{D} = \mathbf{R}^d$ et $v \in \mathcal{V} = \mathbf{R}^d$; le cas général sera évoqué dans la section 4, où nous préciserons comment prendre en compte les conditions aux limites.

Puis on détaillera, dans les sections 5 et 6, la mise en œuvre de la méthode de "Monte-Carlo directe", lorsque l'on utilise une discrétisation temporelle, ainsi que les techniques d'évaluation des quantités macroscopiques. Enfin dans la section 7, nous étudierons les méthodes de Monte-Carlo pour les équations stationnaires.

Dans la section 8, nous montrerons les limites de la méthode et les critères pour le choix de la discrétisation temporelle et la discrétisation spatiale, cela nous permettra d'évoquer les problèmes non-linéaires. Enfin nous traiterons rapidement de quelques techniques spécifiques, notamment des techniques de réduction de variance, dans les sections 9 et 10.

On considère donc l'équation du transport (ou de Vlasov collisionnelle) sur le domaine $\mathcal{D} \times \mathcal{V}$, sachant que $\mathcal{D}$ est un ouvert de $\mathbf{R}^d$ et que $\mathcal{V}$ est un borélien de $\mathbf{R}^d$. Commençons par décrire le principe de chacune des deux méthodes de Monte-Carlo dans le cas où $\mathcal{V} = \mathbf{R}^d$ et $\mathcal{D} = \mathbf{R}^d$.

3.1 Principe de la méthode de Monte-Carlo adjointe

Alors que la méthode directe est bien adaptée à la recherche de la solution en tous les points d'un maillage, la méthode adjointe est mieux adaptée pour calculer $u(t, x, v)$ en un point (ou bien en un petit nombre de points). En effet comme on le verra ci-dessous dans la méthode adjointe, on génère les particules aux points où on cherche la solution et l'on peut ainsi augmenter la précision de la solution en augmentant le nombre de particules générées en ces points seulement. Notons $u(t, x, v)$ la solution de l'équation de transport que l'on réécrit sous la forme d'une équation type Kolmogorov rétrograde (on adopte ici le point de vue A) :

$$\frac{\partial u}{\partial t} + v \cdot \frac{\partial u}{\partial x} + a.\frac{\partial u}{\partial v} - cu - Hu = f \qquad (3.1)$$

$$u(0, .) = g$$

sachant que :

$$Hu(x, v) = \lambda(x, v) \int_{\mathcal{V}} (u(x, v') - u(x, v))\pi(x, v, v')dv'$$

Il faut donc approcher par Monte-Carlo une quantité de la forme :

$$
\begin{aligned}
u(t, x, v) &= \mathbf{E}_{x,v}\left[g(X(t), V(t)) \exp\left(\int_0^t c(X(\zeta), V(\zeta))d\zeta \right) \right. \\
&\quad \left. + \int_0^t f(s, X(s), V(s)) \exp\left(\int_0^s c(X(\zeta), V(\zeta))d\zeta \right) ds \right]
\end{aligned}
$$

Pour cela, on génère N réalisations $\{X_i(s), V_i(s)\,;\ 0 \leq s \leq t\}_{i=1,2,\ldots,N}$ de l'évolution aléatoire $\{(X(s), V(s)\}$ (qui est un processus Markovien), indépendantes les unes des autres. On fait cela de la façon suivante. Tout d'abord, on pose :

$$\left(\begin{array}{c} X_i(0) \\ V_i(0) \end{array} \right) = \left(\begin{array}{c} x \\ v \end{array} \right).$$

– Entre les sauts, (X_i, V_i) est solution de l'équation différentielle:

$$\frac{d}{ds}\left(\begin{array}{c} X_i(s) \\ V_i(s) \end{array} \right) = -\left(\begin{array}{c} V_i(s) \\ a(X_i(s), V_i(s)) \end{array} \right).$$

- On simule les sauts selon l'une des deux méthodes suivantes :

  - 1) Les instants de sauts du processus $V_i(t)$ sont ceux du processus $N(\int_0^t \lambda(X_i(s), V_i(s-))ds)$ où $\{N(t)\}$ est un processus de Poisson d'intensité 1. Si ce processus a une discontinuité à l'instant s, la loi conditionnelle de $V_i(s)$ sachant $V(s-)$ a pour densité $\pi(X_i(s), V_i(s-), v)dv$.

  - 2) étant donné $\bar{\lambda} = \max_{x,v} \lambda(x, v)$, on simule un processus de Poisson d'intensité $\bar{\lambda}$. Supposons que ce processus de Poisson a une discontinuité à l'instant s (ce temps s est donc une variable aléatoire de type exponentielle de paramètre $\bar{\lambda}$). On procède alors à un tirage aléatoire, indépendant du processus de Poisson, des tirages précédents et des sauts précédents :

    - avec la probabilité $\bar{\lambda}^{-1}[\bar{\lambda} - \lambda(X_i(s), V_i(s-))]$ on ne modifie pas $V_i(s)$

    - avec la probabilité $\bar{\lambda}^{-1}\lambda(X_i(s), V_i(s-))$ on modifie $V_i(s)$ en tirant au hasard la nouvelle vitesse $V_i(s)$ suivant la loi de probabilité :

$$\pi(X_i(s), V_i(s-), v)dv.$$

La méthode 2 s'appèle "technique du choc fictif" alors que l'on parle de "technique de choc réel" pour la méthode 1. Dans la méthode 2, la valeur $\bar{\lambda}$ peut bien sûr être prise comme un maximum local.

- On continue ensuite à résoudre l'équation différentielle écrite ci-dessus jusqu'au prochain saut du processus, et ainsi de suite jusqu'à l'instant t. Pour chaque particule i, l'évaluation de la quantité :

$$M(t) = \exp\left(\int_0^t c(X(\zeta), V(\zeta))d\zeta\right),$$

revient à résoudre l'équation (en posant $w_i(t) = N^{-1}M_i(t)$) :

$$\frac{dw_i(s)}{ds} = c(X_i(s), V_i(s))w_i(s) \quad , \quad w_i(0) = N^{-1}.$$

Il résulte alors de la loi forte des grands nombres :

Théorème 3.1.1 *On a l'égalité suivante presque sure :*

$$u(t, x, v) = \lim_{N\to\infty} \sum_{n=1}^{N}\left[g(X_i(t), V_i(t))w_i(t) + \int_0^t f(s, X_i(s), V_i(s))w_i(s)ds\right].$$

Il est clair que l'on peut grâce à cette méthode évaluer simplement des quantités du type suivant

$$I = \int_B \int_U u(x,v)\psi(x,v)dxdv, \text{ pour } B \text{ borélien de } \mathcal{D}, U \text{ borélien de } \mathcal{V}$$

où ψ est une fonction intégrable quelconque. En effet, on peut supposer sans perdre de généralité que ψ est positive d'intégrale égale à 1; on remarque alors que :

$$
\begin{aligned}
I = \ & \mathbf{E}_\psi[g(X(t),V(t))\exp\left(\int_0^t c(X(\zeta),V(\zeta))d\zeta\right) \\
& + \int_0^t f(s,X(s),V(s))\exp\left(\int_0^s c(X(\zeta),V(\zeta))d\zeta\right)ds]
\end{aligned}
$$

Il suffit alors de reprendre le même algorithme que précédemment, mais en prenant des conditions initiales $(X_i(0),V_i(0))$ non plus déterministes, mais tirées aléatoirement sur $B \times U$ selon la mesure de probabilité $\psi dxdv$.

3.2   Principe de la méthode de Monte-Carlo directe

Cette méthode est mieux adaptée que la précédente pour le calcul de la quantité $u(t,x,v)$ pour "tous les x,v".

On s'appuie sur l'interprétation de l'équation de transport comme une équation "de type Fokker-Planck" (on adopte ici le point de vue B) et on l'écrit sous la forme :

$$\frac{\partial u}{\partial t} + v \cdot \frac{\partial u}{\partial x} + \text{div}_v(au) + ru - Ku = f \qquad (3.2)$$

$$u(0,.) = g$$

sachant que l'on a fait les changements de notations suivantes :

$$
\begin{aligned}
r &= -\widetilde{c} \\
\sigma &= \widetilde{\lambda} \\
k(x,v',v) &= \widetilde{\pi}(x,v',v)
\end{aligned}
$$

Avec ces notations l'opérateur K s'écrit :

$$Ku(x,v) = \int_{\mathcal{V}} \sigma(x,v')k(x,v',v)u(x,v')dv' - \sigma(x,v)u(x,v)$$

On peut supposer sans nuire à la généralité du problème que f et g sont positives. Notons d'autre part :

$$\alpha = \int\int g(x,v)dxdv, \qquad \bar{p} = g/\alpha$$

$$\beta = \int\int f(x,v)dxdv, \qquad \overline{f} = f/\beta$$

Posons maintenant :

$$M(t) = \exp\left(-\int_0^t r(X(\zeta),V(\zeta))d\zeta\right)$$

$$M^s(t) = \exp\left(-\int_s^t r(X(\zeta),V(\zeta))d\zeta\right)$$

On sait alors que pour toute fonction test $\phi \in C_b(\mathcal{D} \times \mathcal{V})$, on a :

$$\int_{\mathcal{D}}\int_{\mathcal{V}} u(t,x,v)\phi(x,v)dxdv$$

$$= \alpha\mathbf{E}_{0,\bar{p}}\left[\phi(X(t),V(t))M(t)\right] + \int_0^t \beta(s)\mathbf{E}_{s,\overline{f}(s,\cdot)}\left[\phi(X(t),V(t))M^s(t)\right]ds.$$

3.2.1 Description de la méthode

Nous allons tout d'abord considérer le cas $f \equiv 0$. Comme précédemment on va réaliser N réalisations du processus Markovien $(X(t),V(t))$. La méthode de Monte-Carlo directe consiste à approcher la mesure $u(t,x,v)dxdv$ par une combinaison linéaire de masses de Dirac :

$$u(t,x,v)dxdv \simeq \alpha\sum_i w_i(t)\delta_{X_i(t)} \otimes \delta_{V_i(t)} \tag{3.3}$$

(où δ désigne la mesure de Dirac $\delta_x(B) = 1$ si $x \in B$ et 0 sinon) sachant que :

$$w_i(t) = \exp\left(-\int_0^t r(X_i(\zeta),V_i(\zeta))d\zeta\right)N^{-1}.$$

Chaque réalisation du processus $X_i(s), V_i(s), 0 \leq s \leq t, i = 1,2,\ldots N$ est générée de la façon suivante :

- Les N points $(X_1(0),V_1(0)),\ldots,(X_i(0),V_i(0)),\ldots$ sont tirés indépendemment les uns des autres, suivant la loi de probabilité $\bar{p}(x,v)dxdv$.

- L'équation différentielle que suit chaque $(X_i(s),V_i(s))$ est cette fois

$$\frac{d}{ds}\left(\begin{array}{c} X_i(s) \\ V_i(s) \end{array}\right) = \left(\begin{array}{c} V_i(s) \\ a(X_i(s),V_i(s)) \end{array}\right). \tag{3.4}$$

Notons que le processus a une vitesse opposée à celle qui est utilisée dans la méthode de Monte-Carlo adjointe.

– Le processus $(X_i(s), V_i(s))$ saute de la même façon que pour la méthode adjointe, sachant que la fonction λ et le noyau de transition π sont remplacés par la fonction σ et le noyau k (en utilisant soit la technique du choc réel, soit la technique du choc fictif).

Définissons la mesure

$$\mu_{N,t}(dx, dv) = \alpha \sum_{i=1}^{N} w_i(t) \delta_{X_i(t)} \otimes \delta_{V_i(t)}.$$

D'après la loi des grands nombres, pour toute fonction test $\phi \in C_b(\mathcal{D} \times \mathcal{V})$,

$$\int_{\mathcal{D} \times \mathcal{V}} \phi(x, v) \mu_{N,t}(dx, dv) = \alpha \sum_{i=1}^{N} w_i(t) \phi(X_i(t), V_i(t))$$

$$\to \alpha \mathbf{E}_{0, \bar{p}}[M(t)\phi(X(t), V(t))],$$

presque sûrement lorsque $N \to \infty$. Autrement dit, on a le

Théorème 3.2.1 *La suite de mesures aléatoires $\{\mu_{N,t}\}$ converge presque sûrement étroitement vers la mesure $u(t, x, v)dxdv$, quand $N \to \infty$.*

Nous avons pris ici des poids initiaux égaux pour toutes les particules ($w_i(0) = N^{-1}$), mais on obtient le même résultat si on prend des poids différents vérifiant pour une constante C donnée :

$$\sum_i w_i(0) = 1 \text{ et } w_i(0) \leq CN^{-1}, \text{ pour tout } i.$$

à condition que les tirages de $(X_i(0), V_i(0))$ soient tels que la mesure :

$$\sum_{i=1}^{N} \delta_{X_i(0)} \times \delta_{V_i(0)}$$

converge vers la probabilité $\overline{p(x, v)}dxdv$ quand N tend vers l'infini.

Nous allons maintenant compléter la description de la méthode dans le cas $f \neq 0$. On suppose pour simplifier que $f \geq 0$. C'est un terme de source, qui va donner lieu à création de nouvelles particules au cours du temps. Il nous faut approcher la quantité

$$\int_0^t \beta(s) \mathbf{E}_{s\bar{f}(s, \cdot)}[\phi(X(t), V(t))M^s(t)]ds,$$

On choisit deux suites d'entiers $L(N)$ -le nombre d'intervalles de temps- et $\ell(N)$ -le nombre de particules- telles que $L(N) \to \infty$, $\ell(N) \to \infty$ quand $N \to \infty$.

On pose $h(N) = t/L(N)$. On discrétise l'intégrale ci-dessus, en l'approchant par la quantité :

$$\sum_{m=0}^{L(N)-1} h(N)\beta(mh(N))\mathbf{E}_{mh(N), \bar{f}(mh(N), \cdot)}[\phi(X(t), V(t))M^{mh(N)}(t)],$$

que l'on approche par la quantité suivante :

$$\sum_{m=0}^{L(N)-1}\sum_{j=1}^{l(N)} \frac{h(N)}{\ell(N)}\beta(mh(N))\phi\left(X_j^{mh(N)}(t), V_j^{mh(N)}(t)\right) M_j^{mh(N)}(t),$$

où :

- les $\ell(N)$ points $\{(X_j^{mh(N)}(mh(N)), V_j^{mh(N)}(mh(N))); 1 \le j \le \ell(N)\}$ sont tirés indépendemment les uns des autres, suivant la loi de densité $\bar{f}(ih(N), \cdot)$;

- les fonctions aléatoires $\{(X_j^{mh(N)}(s), V_j^{mh(N)}(s)), mh(N) \le s \le t\}$ évoluent indépendemment les unes des autres, de la même façon que les $(X_i(s), V_i(s))$;

- les $\{M_j^{mh(N)}(s), ih(N) \le s \le t, j = 1, 2, \ldots, \ell(N)\}$ sont les solutions des équations différentielles :

$$\begin{cases} \dfrac{dM_j^{mh(N)}(s)}{ds} &= -r(X_j^{mh(N)}(s), V_j^{mh(N)}(s))M_j^{mh(N)}(s), \\ & mh(N) \le s \le t, \\ M_j^{mh(N)}(mh(N)) &= 1. \end{cases}$$

Finalement, dans le cas général $f \ne 0$, la mesure $\mu_{N,t}$ prend la forme :

$$\mu_{N,t}(dx, dy) = \frac{1}{N}\alpha \sum_{i=1}^{N} M_i(t)\delta_{X_i(t), V_i(t)}(dx, dy)$$

$$+ \frac{h(N)}{\ell(N)} \sum_{m=0}^{L(N)-1} \beta(mh(N)) \sum_{j=1}^{l(N)} M_j^{mh(N)}(t)\delta_{X_j^{mh(N)}(t), V_j^{mh(N)}(t)}(dx, dy),$$

et le théorème 3.2.1 s'étend sans difficulté à cette situation.

Ici aussi, on a considéré que les poids initiaux des particules sont tous égaux pour simplifier, mais on peut considérer des poids différents à condition de bien approcher la loi de densité $\overline{f(ih(N), .)}$.

Remarque : La méthode décrite ci-dessus peut être vue comme un historique des trajectoires des particules physiques dont l'évolution est modélisée par l'équation de transport que l'on veut résoudre. C'est pourquoi, on parle de particules numériques ou de macro-particules.

Remarque : Si r est positif et si σ et r sont indépendants de la variable spatiale x (ou si on suppose qu'ils sont localement indépendants de x), alors la méthode du choc fictif revient à la procédure suivante. Notons $\sigma_m(v) = \sigma(v) + r(v)$, le temps de saut t éventuel du processus est donc simulé grâce au processus de Poisson d'intensité σ_m. Puis

- avec la probabilité σ/σ_m la vitesse de la particule saute effectivement,

- avec la probabilité r/σ_m la vitesse de la particule n'est pas modifiée

Dans les deux cas, le poids de la particule i de vitesse v_i, qui était w_i^0 devient:

$$w_i(t) = w_i^0 \exp(-r(v_i)t)$$

Et la quantité $\mathbf{E}[\phi(X(t), V(t))M(t)]$ est encore la limite quand N tend vers l'infini de :

$$\sum_{i=1}^{N} w_i(t)\phi(X_i(t), V_i(t))$$

Une variante de cette méthode (appelée jeu non analogue) consiste d'une part à faire un saut effectif avec la probabilité 1, d'autre part à modifier le poids de la particule à chaque instant de saut, en prenant:

$$w_i(t) = w_i^0 \frac{\sigma(v_i)}{\sigma_m(v_i)}$$

On montre alors que l'évaluation de $\mathbf{E}[\phi(X(t), V(t))M(t)]$ n'est pas modifiée si on utilise cette variante.

3.2.2   Lien avec les méthodes particulaires

Nous avons vu que le principe de base est d'approcher la fonction u par une combinaison linéaire de masses de Dirac dans l'espace $\mathcal{D} \times \mathcal{V}$ d'après la formule (3.3). Puis de faire évoluer les particules numériques selon la loi correspondant au générateur infinitésimal du semi-groupe de l'équation. S'il n'y a pas de terme de collision, l'équation (3.2) devient une simple équation d'advection et s'appelle équation de Vlasov; et $\tau = r$ est interprété comme un coefficient d'amortissement. Le semi-groupe correspondant est alors très simple (le processus stochastique associé est déterministe et correspond aux trajectoires définies par (3.4)).

Analysons ce que devient le schéma de principe décrit ci dessus quand il n'a pas de saut pour la variable de vitesse

1. On génère des particules initiales pour représenter la donnée initiale:

$$u(0, x, v)dxdv \simeq \sum_i w_i^0 \delta_{X_i^0} \otimes \delta_{V_i^0} \qquad (3.5)$$

2. On déplace chaque particule i selon l'équation du mouvement (3.4).

3. Le poids w_i de chaque particule évolue de la façon suivante en fonction du temps :

$$w_i(t) = w_i^0 \exp[-\int_0^t r(X_i(s), V_i(s))ds]. \qquad (3.6)$$

Pour prendre en compte la source f, on génère des particules qui vont évoluer de la même façon que ci-dessus (sauf que l'instant de naissance de chaque particule est différent de 0). De même que nous le verrons dans la suite, on opère quasiment toujours une discrétisation en temps (cela est indispensable dans le cas où l'on veut généraliser la méthode à des équations plus complexes, voir paragraphe 8.3 de ce chapitre). Ainsi à chaque pas de temps $[t^n, t^n + \Delta t]$, on doit discrétiser l'équation différentielle de mouvement (3.4)(différents schémas numériques sont possibles selon le contexte physique) et éventuellement faire une approximation de (3.6) pour l'évaluation de $w_i(t^n + \Delta t)$ en fonction de $w_i(t^n)$.

Le schéma de résolution dont le principe est ainsi esquissé, relève des méthodes particulaires. Ces méthodes sont utilisées depuis très longtemps en physique des Plasmas, voir par exemple [HE81] [Bir91] (et toute la bibliographie de [Bir91]). Remarquons que la méthode particulaire en elle même est une méthode dont la précision est arbitrairement grande : les seules erreurs de discrétisation proviennent des erreurs sur l'initialisation (3.5) et la prise en compte de f, sur la résolution des équations différentielles de mouvement et éventuellement l'évaluation de (3.6). Le seul point délicat est le passage de la représentation particulaire (3.3) à une représentation de grille qui est en général nécessaire pour une évaluation de certains paramètres du modèle; nous reviendrons sur ce sujet ci-dessous.

3.3 Conditions aux limites

Considérons l'équation de transport sans terme d'accélération (c'est à dire dans le cas $a = 0$) sur $\mathcal{D} \times \mathcal{V}$ où le domaine $\mathcal{D}$ admet une frontière notée Γ :

$$\frac{\partial u}{\partial t} + v \cdot \frac{\partial u}{\partial x} + ru - Ku = f \qquad (3.7)$$

$$u(0,.) = g$$

On sait que, pour que le problème (3.7) soit bien posé, il convient de se donner une condition pour tout couple (x, v) tel que x est sur la frontière Γ et tel que :

$$v \in Z_x$$

sachant que l'on note n_x la normale en x à Γ dirigée vers l'intérieur et :

$$Z_x = \{v/n_x \cdot v \geq 0\}$$

On renvoie par exemple à [DL84] pour l'analyse mathématique des équations de transport avec conditions aux limites. Nous allons considérer ici seulement 3 cas qui sont pratiquement les seuls que l'on rencontre dans la pratique :

1. Condition absorbante

$$u(t, x, v) = 0, \qquad x \in \Gamma, v \in Z_x$$

2. Condition de réflexion

$$u(t, x, v) = u(t, x, v - 2n_x(n_x \cdot v)), \qquad x \in \Gamma, v \in Z_x$$

3. Condition de flux entrant imposé

$$u(t, x, v) = h(x, v), \qquad x \in \Gamma, v \in Z_x$$

où h est une fonction positive donnée.

Condition absorbante   L'interprétation probabiliste nous permet de dire que l'on doit suivre les particules X_i, V_i comme précédemment jusqu'au moment où les particules arrivent sur la frontière Γ où elles sont tuées.

Condition de réflexion   On suit les particules X_i, V_i comme précédemment jusqu'au moment où les particules arrivent sur la frontière Γ. Dès qu'elles touchent la frontière elles sont réfléchies avec la vitesse :

$$\bar{V}_i = V_i - 2n_x(n_x \cdot V_i)$$

Condition de flux entrant imposé   On suppose qu'il existe C tel que pour tout x, on ait :

$$\int_{Z_x} h(x, v)n_x \cdot v dv \leq C$$

Remarque : Supposons que $r = 0$ et $f = 0$ et intégrons (3.7) sur $A \times \mathcal{V}$ en prenant A un ouvert quelconque de $\mathcal{D}$ (tel que $\Gamma_A = \Gamma \cap \bar{A}$ soit non vide). On obtient en notant $d\gamma(x)$ la mesure surfacique sur Γ,

$$\frac{\partial}{\partial t} \int_A \int_{\mathcal{V}} u(x,v) d\gamma(x) dv - \int_{\partial A - \Gamma} \int_{\mathcal{V}} u(x,v) v \cdot n_x d\gamma(x) dv \quad (3.8)$$

$$= \int_{\Gamma_A} \int_{Z_x} h(x,v) v \cdot n_x d\gamma(x) dv - \int_{\Gamma_A} \int_{\mathcal{V} - Z_x} u(x,v) |v \cdot n_x| d\gamma(x) dv$$

La deuxième intégrale du second membre correspond à un flux de particules physiques sortant du domaine, alors que la première intégrale de ce second membre correspond au flux de particules physiques entrant dans le domaine. Pour chaque ouvert A , on a une estimation de $\int_A \int_{\mathcal{V}} u(x,v) dx dv$ grâce à :

$$\sum_{i/X_i \in A} w_i.$$

Pour simuler numériquement le flux entrant on procède de la façon suivante. Sur chaque intervalle de temps δt et chaque élément de frontière $\delta\Gamma$ on génère des particules d'indice i ayant les caractéristiques (X_i, V_i, w_i) entrant dans $\mathcal{D}$. Pour être cohérent avec la formule précédente, il faut que les poids vérifient :

$$\sum_{i/\text{particules entrantes}} w_i = \int_{Z_x} h(x,v) v \cdot n_x dv . \gamma(\Gamma) \delta t$$

C'est à dire que l'on génère des particules avec la densité de surface $H(x)$ donnée par :

$$H(x) = \int_{Z_x} h(x,v) v \cdot n_x dv$$

La loi de répartition de la vitesse V de ces particules est donnée par le résultat suivant :

Proposition 3.3.1 *Pour x fixé et pour chaque particule i, la loi de répartition de la vitesse V_i sur Z_x est donnée par :*

$$\frac{1}{H(x)} h(x,v) v \cdot n_x dv$$

Démonstration : (heuristique) Remarquons tout d'abord que ce problème est indépendant de l'opérateur de collisions K, on peut donc supprimer cet opérateur. Reprenons les notations introduites ci-dessus. Considérons une partie A de $\mathcal{D}$ telle que sa "frontière" $\Gamma_A = \partial A \cap \Gamma$ est un petit élément de surface (de mesure $\gamma(\Gamma_A)$) et telle que n_x puisse être considéré comme constant pour $x \in \Gamma_A$. Pour toute partie δV de Z_x, en intégrant (3.7) avec $r = 0, \quad f = 0$, on obtient :

$$\frac{\partial}{\partial} \int_A \int_{\delta V} u(t,x,v)dxdv - \int_{\partial A - \Gamma} \int_{\delta V} u(t,x,v)n_x.vd\gamma(x)dv =$$

$$= \int_{\Gamma - A} \int_{\delta V} h(x,v)n_x.vd\gamma(x)dv$$

Introduisons la quantité :

$$Q_{\delta V}(t) = \int_A \int_{\delta V} u(t,x,v)dxdv.$$

qui s'interprète comme le nombre de particules dans A ayant leur vitesse dans δV. La variation au cours d'un petit intervalle de temps δt de cette quantité $Q_{\delta V}(t)$ dûe à l'entrée des particules peut être approchée par :

$$\gamma(\Gamma_A)\delta t \int_{\delta V} h(x,v)n_x.vdv$$

D'où la proposition. $\square$

Cas particulier.   Si h ne dépend de v que par l'intermédiaire de $|v|$ et vérifie donc :

$$h(x,v) = \bar{h}_x(|v|),$$

alors en introduisant le cosinus directeur de v selon la normale à la paroi :

$$\mu = n_x \cdot v/|v|,$$

et l'angle azimutal ϕ, défini sur $[0, 2\pi]$, la loi de répartition de v est :

$$\frac{1}{H(x)}\bar{h}_x(z)z^3dz.\mu d\mu.d\phi, \quad \text{où } z = |v|$$

Cette loi de probabilité est alors connue sous le nom de *loi de Lambert* (voir par exemple [SG69]). Considérons maintenant le cas de l'équation de Vlasov collisionnelle sur un domaine $\mathcal{D}$ dont la frontière est Γ. Il convient alors d'appliquer sur Γ la condition décrite ci-dessus. De plus, si le domaine $\mathcal{V}$ est un ouvert de $\mathbf{R}^d$ et si on a une condition du type :

$$u(x,v) = 0 \text{ pour tout } v \in \partial \mathcal{V} \text{ t.q. } a(x,v).\zeta_v \geq 0$$

(où ζ_v est la normale intérieure à $\partial \mathcal{V}$) alors il suffit d'arrêter le processus $V(t)$ quand il atteint la frontière $\partial \mathcal{V}$.

3.4 Schéma général avec discrétisation temporelle

Nous allons appliquer le principe décrit précédemment en introduisant une discrétisation du temps en intervalles finis $[t^n, t^n + \Delta t]$. Cette discrétisation en temps n'est pas indispensable pour des problèmes très simples où les coefficients de l'équation ne dépendent que de la variable spatiale (comme ci-dessus), mais elle est indispensable dès que ces coefficients dépendent du temps ou sont fonctions d'autres quantités solutions d'équations couplées avec l'équation de transport. D'autre part même dans le cas très simple évoqué ci-dessus, on utilise cette discrétisation la plupart du temps pour de simples raisons de gestion informatique.

Tout ce qui est dit par la suite s'applique, mutatis muntandis, à l'équation de Vlasov collisionnelle, mais nous ne considérons pour simplifier que le cas du transport simple où le terme de d'accélération a est nul, c'est à dire l'équation (3.7).

Pour l'initialisation on génère des particules représentant la donnée initiale $u(0)$, selon la formule (3.5). Et à chaque pas de temps $[t^n, t^n + \Delta t]$, on met en oeuvre les étapes suivantes (notons $t^{n+1} = t^n + \Delta t$) :

1. On génère des particules pour tenir compte de la source f.

2. Pour chaque particule i, on introduit une durée de vie θ , que l'on initialise par Δt.

3. On déplace chaque particule i selon l'équation du mouvement.

$$\frac{\partial X_i}{\partial t} = V_i(t) \tag{3.9}$$

ou 3.4 dans le cas "Vlasov collisionnel".

4. Pour chaque particule i le processus de vol libre est arrêté au temps d'arrêt τ, défini comme l'instant du premier saut du processus (N étant un processus de Poisson)

$$t \mapsto N(\int_0^t \sigma(X_i(t^{n+1} - \theta + s), V_i(t^{n+1} - \theta + s))ds)$$

Si $\tau \leq \theta$, on stocke les caractéristiques de la particule, sinon la vitesse de la particule i qui était $V_i(\tau_-)$ devient $V_i(\tau)$ variable aléatoire répartie sur $\mathcal{V}$ selon la probabilité :

$$k(X_i(\eta), V_i(\eta_-), v)dv$$

Après le saut, on continue la poursuite de la particule en revenant à l'étape 2) en remplaçant θ par $\theta - \tau$.

5. A la fin du pas de temps $[t^n, t^{n+1}]$ le poids de chaque particule i qui était w_i^n devient :

$$w_i^{n+1} = w_i^n \exp[-\int_{t^n}^{t^n+1} r(X(s), V(s))ds]. \qquad (3.10)$$

Une alternative à la méthode décrite ci-dessus pour déterminer le temps de saut est d'utiliser la technique du choc fictif évoquée ci-dessus (et dont la mise en oeuvre sera détaillée dans la section 9). Si l'on n'utilise pas la technique du choc fictif, comme la fonction σ dépend en général de x et de v et peut même varier très fortement en fonction de x, on voit que la mise en oeuvre du point 3) précédent impose la nécessité d'avoir recours à un maillage en espace. En général, on considère donc un maillage de $\mathcal{D}$ tel que sur chaque maille m , les coefficients r et σ sont supposés ne dépendre que de v et s'écrivent $r_m(v), \sigma_m(v)$. On procédera donc de la façon suivante sur chaque pas de temps $[t^n, t^n + \Delta t]$ et pour chaque particule i.

Algorithme :   Les caractéristiques, au temps t^n, de la particule i sont :

$$\left[\begin{array}{c} X_i^n, V_i^n \\ w_i^n \end{array} \right.$$

1. On initialise un compteur d'évènements $q = 0$ et le temps de vie restant à la particule i qui est $\theta_0 = \Delta t$. On pose:

$$w_0 = w_i^n, \quad X_0 = X_i^n, \quad V_0 = V_i^n$$

m_0 le numéro de maille tel que $X_i^n \in m_0$

2. Calcul de la trajectoire " de vol libre" (c'est-à-dire 3.9 dans le cas où a est nul) ce qui permet d'évaluer le temps de sortie t_q de la maille m_q.

3. Calcul du temps d'arrêt τ_q selon la loi de type exponentiel et de paramètre $\sigma_{m_q}(V_q)$. Pour cela on tire un nombre aléatoire y uniformément distribué sur $[0,1[$ et on pose :

$$\tau_q = -\log y / \sigma_{m_q}(V_q) \qquad (3.11)$$

4. on pose $s = Min(t_q, \tau_q, \theta_q)$, on avance la particule:

$$X_{q+1} = X_q + sV_q,$$

et on réactualise le poids :

$$w_{q+1} = w_q \exp(-r_{m_q}(V_q)s) \qquad (3.12)$$

(a) si $s = \theta_q$ (c'est-à-dire que l'on est en fin de pas de temps) on stocke toutes ses caractéristiques (position, X_{q+1}, vitesse, V_{q+1} et poids, w_{q+1}) et on passe à la particule suivante.

(b) si $s = \tau_q$ on tire une nouvelle vitesse V_{q+1} dans $\mathcal{V}$ selon la loi

$$k_{m_q}(V_q, w)dw,$$

on pose :

$$\theta_{q+1} = \theta_q - s, m_{q+1} = m_q$$

et on revient au point b) en incrémentant le compteur q

(c) si $s = t_q$ on se retrouve dans une nouvelle maille que l'on note m_{q+1} et on pose :

$$\theta_{q+1} = \theta_q - s,$$

et on revient au point b) en incrémentant le compteur q.

Remarque : Si l'accélération a est non nulle (cas de l'équation de Vlasov collisionnelle), on doit résoudre une équation du mouvement plus complexe que (3.9), à savoir :

$$\frac{\partial X}{\partial t} = V, \quad \frac{\partial V}{\partial t} = a(X, V) \tag{3.13}$$

Concrètement, on suppose toujours V_i constant tout au long du trajet à l'intérieur d'une maille et entre deux sauts.

Pour tenir compte des conditions limites du type :

$$u(t, x, v) \text{ donné pour } v \in Z_x$$

où Z_x est défini dans la section 4, on doit générer des particules selon ce qui a été précisé au chapitre précédent, étant entendu que toute particule sortant du domaine de calcul est abandonnée. Bien sûr le schéma précédent est un schéma de principe que l'on doit adapter à chaque cas concret, en particulier les résultats ne seront fiables que si on a un nombre suffisant de particules par maille (il convient donc de vérifier tout au long du calcul que ce nombre est supérieur à un certain seuil, ce seuil dépendant de la précision souhaitée).

3.5 Evaluation des quantités de grilles

Dans la plupart des problèmes, on a besoin d'une représentation "de grille" des 2 premiers moments de u, la densité ϕ et le courant J, soit pour des diagnostics, soit pour être utilisée dans une équation couplée à l'équation principale:

$$\phi(t, x) = \int u(t, x, v)d\vec{v} \tag{3.14}$$

$$\vec{J}(t,x) = \int \vec{v}u(t,x,v)d\vec{v} \qquad (3.15)$$

Selon ce que l'on veut faire de ces quantités, différentes méthodes d'évaluation sont possibles. Nous allons en détailler quelques-unes en nous référant de nouveau à l'équation de transport simple (3.7) avec $f = 0$. On a une approximation de $u(t,\cdot)$ sous la forme :

$$u(t,x,v)dxdv = \sum_p w_p(t)\delta_{X_p(t)}\delta_{V_p(t)}$$

Estimation par "indicated value"   . Il s'agit d'évaluer de façon consistante les densités ϕ_M^n dans les mailles M (de volume V_M) au temps t^n et les courants $j_F^{n+1/2} = \vec{J}^{n+1/2} \cdot \vec{n}_F$ sur une face F (de surface S_F et de normale $\vec{n}_F$) au cours de l'intervalle de temps $I = [t^n, t^{n+1}[$. On pose alors :

$$\phi_M^n = \frac{1}{V_M} \sum_{p/X_p(t^n)\in M} w_p(t^n)$$

$$j_F^{n+1/2} = \frac{1}{\Delta t S_F} \sum_{\substack{p/\exists t_p \in I^n \\ X_p(t_p) \in F}} w_p(t_p)sign(\vec{n}_F \cdot \vec{V}_p(t_p))$$

On vérifie alors que si $r = 0$, on a bien :

$$V_M(\phi_M^{n+1} - \phi_M^n) = \Delta t \sum_{F,\ \text{faces } deM} \pm j_F S_F. \qquad (3.16)$$

Le signe $\pm$ dépend de l'orientation de la normale.

Dans le cas où $r = r(x) \neq 0$, la différence entre les 2 membres de (3.16) correspond à la perte de particules :

$$Q = \int_I \int_M \int_\mathcal{V} r(x)u(t,x,v)dxdvdt$$

Cette quantité peut d'ailleurs être évaluée par l'expression suivante, appelée estimateur au parcours :

$$Q_M^{n+1/2} = \sum_{p/X_p[I]\cap M\neq\emptyset} w_p(t_p^M)[1 - \exp(-r_M(\bar{t}_p^M - t_p^M))]$$

où t_p^M et $\bar{t}_p^M$ désignent respectivement les temps d'entrée et de sortie de la particule p dans la maille M.

Cela permet ainsi d'avoir un autre estimateur de ϕ au cours du pas de temps donné par la formule :

$$\phi_M^{n+1/2} = \frac{1}{\Delta t V_M r_M} Q_M^{n+1/2}$$

Estimation par "temps de passage" La remarque précédente suggère une estimation générale de ϕ valable quel que soit r (indépendant de v, nul ou non), en effet on peut prendre :

$$\phi_M^{n+1/2} = \frac{1}{V_M} \left[\sum_{p/X_p \cap M \neq 0} (\bar{t}_p^M - t_p^M) \right]^{-1} \times$$

$$\times \sum_{p/X_p \cap M \neq 0} \frac{1}{2}(w_p(t_p^M) + w_p(t_p^{\bar{M}}))(\bar{t}_p^M - t_p^M)$$

Dans cette formule, on voit que

$$\sum_p (\bar{t}_p^M - t_p^M)$$

peut être considéré comme une "estimation" particulaire de la constante Δt.

D'autre part, on peut vérifier que

$$r_M \sum_p \frac{1}{2}(w_p(t_p^M) + w(\bar{t}_p^M))(\bar{t}_p^M - t_p^M)$$

peut être considéré comme une estimation particulaire de la perte de particules $Q_M^{n+1/2}/(\Delta t V_M)$, si on remplace la formule (3.10) par la formule suivante :

$$w_p(\bar{t}_p^M) = w_p(t_p^M)\frac{1 - r_M(\bar{t}_p^M - t_p^M)/2}{1 + r_M(\bar{t}_p^M - t_p^M)/2}$$

(ce qui est une discrétisation classique de $\partial w/\partial t + rw = 0$ sur l'intervalle de temps $[t_p^M, \bar{t}_p^M[$)

Estimation par "fonctions de forme"

Il s'agit ici d'évaluer ϕ et $\vec{J}$ à la fin du pas de temps et aux noeuds du maillage. On note A_i un noeud, on peut lui associer de façon naturelle une fonction de forme X_i linéaire (ou bilinéaire selon le maillage) qui est telle que :

$$X_i(A_i) \;=\; 1 \quad X_i(A_j) = 0 \quad j \neq i$$

$$\sum_i X_i(x) \;=\; 1 \quad \forall x.$$

On peut aussi utiliser des fonctions de formes plus complexes vérifiant seulement $\sum_i X_i(x) = 1$ pour tout x, dont le support peut s'étaler sur quelques mailles autour de A_i. On évalue alors ϕ et $\vec{J}$ de la façon suivante :

$$\phi_i^n = \left[\sum_p \mathcal{X}_i(X_p^n)w_p^n\right] \cdot \left[\sum_p \mathcal{X}_i(X_p^n)\right]^{-1}$$

$$\vec{J}_i^n = \left[\sum_p \mathcal{X}_i(X_p^n)w_p^n\vec{V}_p^n\right] \cdot \left[\sum_p \mathcal{X}_i(X_p^n)\right]^{-1}$$

Ici la quantité $\sum_p \mathcal{X}_i(X_p^n)$ est une "estimation" particulaire de l'unité de volume (sur cette estimation voir par exemple [Bir91], [Rav85]).

3.6 Problèmes stationnaires

Très souvent on doit résoudre des équations de transport stationnaires, pour lesquelles on cherche une fonction $u = u(x, v)$ solution de l'équation suivante:

$$v \cdot \frac{\partial u}{\partial x} + ru - Ku = f \qquad (3.17)$$

Si $\mathcal{D}$ n'est pas égal à R^d, il convient d'imposer des conditions aux limites. Pour préciser les idées, on suppose que sur une partie Γ de $\partial \mathcal{D}$ on a une condition de flux entrant nul :

$$u(x, v) = 0 \quad \forall v \text{ t. q. } v.n_x \geq 0, \qquad (n_x, \text{ normale intérieure à } \Gamma)$$

et que sur $\partial \mathcal{D} \setminus \Gamma$ on a une condition de réflexion.

Il est bien connu que l'opérateur $\Psi \to v \cdot \frac{\partial}{\partial x}\Psi - K\Psi$ admet une plus petite valeur propre λ qui est positive (si $\mathcal{D} = R^d$, alors $\lambda = 0$; si $\mathcal{D}$ est borné et si Γ est de mesure surfacique non nulle, alors λ est strictement positif).

Faisons l'hypothèse :

$$\inf(r(x, v)) > -\lambda \qquad (3.18)$$

Proposition 3.6.1 *Pour tout f dans $L^2(\mathcal{D} \times \mathcal{V})$, il existe une unique solution u de l'équation (3.17). De plus, si $U(t)$ est la solution de :*

$$\frac{\partial U}{\partial t} + v \cdot \frac{\partial U}{\partial x} + rU - KU = 0 \quad , \quad U(0) = f$$

avec les mêmes conditions aux limites que précédemment alors $\|U(t)\|_{L^2}$ décroît exponentiellement vite quand t tend vers l'infini et la solution u est donnée par la formule :

$$u(x, v) = \int_0^\infty U(t, x, v)dt$$

Enfin, pour tout $\phi \in C_b(\mathcal{D} \times \mathcal{V}), f \geq 0,$ on a :

$$\int \int u(x,v)\phi(x,v)dxdv$$

$$= \beta \mathbf{E}_{0,\overline{f}}\left[\int_0^\infty \exp\left(\int_0^t -r(X(s),V(s))ds\right)\phi(X(t),V(t))dt\right]. \quad (3.19)$$

où $\beta = \int_{\mathcal{D}\times\mathcal{V}} f(x,v)dxdv, \quad \overline{f} = f/\beta.$

Démonstration : Soit T_t le semi-groupe d'opérateurs sur $L^2(\mathcal{D} \times \mathcal{V})$ définis pour f quelconque par $T_t f = U(t)$, pour U défini ci-dessus. Notons $\eta(t)$ la solution de

$$\frac{\partial \eta}{\partial t} + v \cdot \frac{\partial \eta}{\partial x} - K\eta = 0, \quad \eta(0) = f$$

avec les mêmes conditions aux limites que précédemment. On sait grâce aux propriétés de l'opérateur de transport (voir par exemple [DL84]) que:

$$\|\eta(t)\|_{L^2} \leq Ce^{-\lambda t}$$

et si $r_0 = \inf r(x,v)$ on vérifie sans peine que :

$$\|U(t)\|_{L^2} \leq \|\eta(t)\|_{L^2}e^{-r_0 t} \leq Ce^{-r_0 t - \lambda t}$$

Ainsi on peut bien définir $u = \int_0^\infty U(t,x,v)dt$. On sait que pour h tendant vers 0, on a pour tout g suffisamment régulier en x :

$$\lim_h \frac{1}{h}(T_h g - g) = -(v \cdot \frac{\partial g}{\partial x} + rg - Kg)$$

on en déduit :

$$\lim_h \frac{1}{h}\int_0^h T_t f dt = \lim_h \frac{1}{h}(\int_0^\infty T_t f dt - \int_0^\infty T_{t+h} f dt)$$

$$= -\lim_h \frac{1}{h}(T_h - T_0)\int_0^\infty T_t f dt = (v \cdot \frac{\partial}{\partial x} + r - K)(\int_0^\infty U(t,x,v)dt)$$

Comme $f \to T_t f$ est continue par rapport à t, on en déduit que u vérifie (3.17)

La dernière relation (3.19) est une conséquence directe de l'interprétation probabiliste de $U(t)$ donnée au chapitre précédent ("Point de vue B, interprétation de l'équation de transport comme une équation de type Fokker-Planck").

□

3.6.1   Schéma général

On a vu que si f est positive, alors u sera positive. Le principe de la méthode pour la résolution numérique de (3.17) est alors le suivant dans le cas où f est positive et $\int f(x,v)dxdv = 1$:

On génère un nombre N de variables aléatoires (X_i^0, V_i^0) indépendantes équidistribuées selon la loi de probabilité de densité $f(\cdot)$. Chaque variable aléatoire est l'état initial d'une particule i, on affecte à cette particule un poids w_i^0, les poids étant tels que :

$$\sum_{i=1}^{N} w_i^0 = 1$$

Chaque particule va se déplacer (dans $\mathcal{D} \times \mathcal{V}$) comme étant une réalisation du processus $(X(t), V(t))$. On note $(X_i(t), V_i(t))$ les caractéristiques (position, vitesse) de la particule i à l'instant t, et $w_i(t)$ son poids qui est solution de la même équation différentielle ordinaire que ci-dessus (voir la méthode pour les équations d'évolution).

Supposons $\mathcal{D}$ borné. Quitte à modifier légèrement $\mathcal{V}$, on peut supposer (quand σ et k sont bornés près de $v = 0$) que $\inf_{v \in \mathcal{V}} |v| > 0$, alors on montre que le temps de sortie de chaque particule est presque sûrement fini. Grâce la proposition précédente, on obtient le résultat ci-dessous, en notant ψ^N la mesure sur $\mathcal{D} \times \mathcal{V}$ définie par

$$\psi^N = \sum_{i=1}^{N} \int_0^{\infty} w_i(t) \delta_{X_i(t)} \delta_{V_i(t)} dt$$

Corollaire 3.6.2 *Lorsque N tend vers l'infini, on a :*

$$\int\int \psi^N(dxdv)\phi(x,v) \to \int\int u(x,v)\phi(x,v)dxdv.$$

La mise en oeuvre pratique se fait de la même façon que pour les équations d'évolution sauf que l'on suit les particules ici jusqu'à ce qu'elle sortent du domaine de calcul $\mathcal{D}$

3.6.2   Evaluation des quantités de grille

L'évaluation des quantités de grille se fait selon le même principe que précédemment (avec les notations précédentes). Pour des valeurs de type du courant $\vec{J}$, on peut utiliser l'estimateur :

$$j_F = \frac{1}{S_F} \sum_{p/\exists t_p \ X_p(t_p) \in F} w_p(t_p) sign(\vec{n}_F \cdot \vec{V}_p(t_p))$$

Pour l'évaluation de la densité ϕ_M , on ne peut pas utiliser la méthode par "indicated value"; en revanche, l'estimateur par "temps de passage" défini ci-dessus donne de bons résultats :

Pour la densité ou le courant, on peut également utiliser les formules obtenues grâce aux fonctions de forme

3.7 Limites de la méthode et généralisation

3.7.1 Limites de la méthode

On peut traiter des problèmes de très grande taille sans trop de difficultés en ajustant le nombre de particules (et donc le coût du calcul) à la précision souhaitée. Mais il faut être conscient des limites de la méthode que nous allons mettre en lumière maintenant.

Notons $\bar{v}$ une vitesse caractéristique des particules, $\bar{\sigma}$ et $\bar{r}$ des valeurs caractéristiques des coefficients σ et r.

A priori, la discrétisation spatiale dépend de la physique du problème; le pas de temps peut dépendre de la façon dont évolue la source S et d'autre part pour des critères d'efficacité le pas de temps Δt sera tel que qu'une particule ayant une vitesse $\bar{v}$ ne traverse pas plus qu'un certain nombre fixé de mailles. C'est-à-dire, en notant $\overline{\Delta x}$ un pas de maillage moyen :

$$\bar{v}\Delta t \leq C\overline{\Delta x}, \text{ avec } C \text{ de l'ordre de 1.} \tag{3.20}$$

D'autre part on remarque que l'algorithme décrit précédemment ne sera efficace que si :

$$\frac{\overline{\sigma_m}^{-1}}{\Delta t} \text{ n'est pas très petit devant 1}$$

ou encore si :

$$\frac{\bar{v}\overline{\sigma_m}^{-1}}{\overline{\Delta x}} \text{ n'est pas très petit devant 1.}$$

C'est-à-dire que dans chaque maille m, le libre parcours moyen ne doit pas être très petit devant $\overline{\Delta x}$, sinon les particules devront changer de vitesse un très grand nombre de fois avant de sortir de la maille m et le temps calcul deviendra prohibitif. Le critère précédent s'explique très bien si on revient à la physique du phénomène. En effet, si $\lambda = \bar{v}\bar{\sigma}^{-1}$ est très petit devant les dimensions caractéristiques (et si de plus r est très petit devant σ), on sait que la solution de l'équation de transport est très proche de la solution d'une équation de diffusion satisfaite par $U(x)$

$$\frac{\partial U}{\partial t} + \bar{r}U - \frac{\partial}{\partial x}\left(\frac{1}{3\bar{\sigma}}\frac{\partial U}{\partial x}\right) = \bar{S}.$$

Voir le paragraphe 4 du chapitre précédent (ou, du point de vue des équations aux dérivées partielles, par exemple [DL84],[Pap75], [RS91]). Et on sait que la discrétisation d'une telle équation parabolique ne se fait pas commodément avec des schémas explicites en temps.

Cependant, dans le cas où λ est petit devant la taille d'une maille, on peut envisager de remplacer la multitude de petits sauts sur $\mathcal{V}$ et de petits vols libres entre les sauts par un unique saut dans $\mathcal{D} \times \mathcal{V}$ dont les caractéristiques sont justement calculées en résolvant une équation de diffusion (voir [GS87] pour une présentation de cette méthode).

3.7.2 Dévissage (ou "Splitting") d'opérateurs

Un premier critère sur le pas de temps vient d'être évoqué en (3.20). Mais dans certaines situations (notamment si les coefficients de l'équation de transport ne sont pas constants au cours du temps ou si le terme source est en fait dépendant de la solution) il peut être intéressant d'opérer un splitting entre la partie "advection" et la partie "collision" à chaque pas de temps, et cela va induire un autre critère sur le pas de temps. Ainsi sur un pas de temps $[t^n, t^n + \Delta t]$ on résout successivement :

$$\frac{\partial \phi}{\partial t} + v \cdot \frac{\partial \phi}{\partial x} + r\phi = f, \phi(t^n) = \bar{u}^n$$

$$\frac{\partial \psi}{\partial t} - K\psi = 0, \psi(t^n) = \phi(t^n + \Delta t)$$

et on définit

$$\bar{u}^{n+1} = \psi(t^n + \Delta t)$$

Il est clair qu'avec ce schéma, la résolution numérique est plus simple : dans la première phase, on déplace les particules selon leur trajectoire de vol libre et on modifie leurs poids selon la formule (3.10); dans la deuxième phase on effectue le traitement des collisions en tirant des temps d'arrêt τ_q successifs (en utilisant (3.9)) jusqu'à la plus grande valeur de q vérifiant :

$$\sum_{p \leq q} \tau_p \leq \Delta t$$

Dans le cas où $f = 0$, on vérifie facilement que l'on commet à chaque pas de temps une erreur du type suivant (pour la norme $L^\infty(\mathcal{D} \times \mathcal{V})$) :

$$\|\bar{u}^{n+1} - \tilde{u}(t^n + \Delta t)\|_\infty = C\Delta t^2 \|\sigma\|_\infty \|\bar{u}^n\|_\infty$$

où $\tilde{u}$ est la solution de l'équation de transport dont la valeur en t^n est $\bar{u}^n$. Donc, si on note T le temps final et $n(T)$ le nombre de pas de temps pour aller de 0 à T, on a une estimation de l'erreur dûe à la méthode de splitting :

$$\|\bar{u}^{n(T)} - u(T)\|_\infty \leq C\Delta t \|\sigma\|_\infty \|u(0)\|_\infty$$

Ce qui indique que cette méthode de splitting peut être légitimement employée si on a un pas de temps Δt petit par rapport à l'inverse de $\|\sigma\|_\infty$.

Remarque : Concrètement cette méthode est employée:

- pour les équations linéaires dans les cas faiblement collisionnels ,

- pour des équations non linéaires, en particulier du type de Boltzmann (voir chapitre suivant), auquel cas une attention particulière doit être apportée au choix du pas en temps (de telle façon que le critère précédent soit respecté).

- Il convient de noter que l'erreur étudiée ici est d'origine différente des erreurs dûes à la discrétisation spatiale et à l'évaluation du poids des particules (voir ci-dessus) ou dûes au trop petit nombre de particules (c'est-à-dire au fait que les quantités sont évaluées avec une taille d'échantillon finie au lieu d'un nombre théoriquement infini).

3.7.3 Généralisation à des problèmes non-linéaires

Pour certains problèmes non-linéaires, on peut utiliser une variante de la méthode de Monte-Carlo classique avec discrétisation spatiale. Par exemple, supposons que la source dépende de la fonction u et que l'on doive résoudre l'équation suivante

$$\frac{\partial u}{\partial t} + v \cdot \frac{\partial u}{\partial x} + ru - Ku = F(\tilde{u}) \tag{3.21}$$

où F est une fonction positive non linéaire et où l'on a posé:

$$\tilde{u}(x) = \int u(x, v')dv'.$$

Si $F(U)$ est petit par rapport à rU, on peut évaluer la source de façon explicite, c'est-à-dire prendre sur le pas de temps $[t^n, t^n + \Delta t]$:

$$f = F(\tilde{u^n})$$

Par contre si $F(U)$ est de l'ordre de grandeur de rU, il convient d'être vigilant. En effet, si on ne veut pas avoir un décalage systématique de la source par rapport à l'évolution de u, il convient de modifier l'équation (3.21) sur le pas de temps $[t^n, t^n + \Delta t]$ par exemple de la façon suivante :

$$\frac{\partial u}{\partial t} + v\frac{\partial u}{\partial x} + ru - Ku = \frac{F(\widetilde{u^n})}{\widetilde{u^n}} \int u(v')dv'$$

On voit alors apparaître un deuxième opérateur de collision B :

$$Bu = -ru + \frac{F(\widetilde{u^n})}{\widetilde{u^n}} \int u(v')dv'$$

que l'on pourra traiter de la même façon que K. Mais, de même que précédemment, ce traitement ne sera possible que si l'on n'est pas dans une situation où :

$$\bar{v}F(\tilde{u})\tilde{u}^{-1} \ll \Delta\bar{x}$$

Remarque : On vient de voir un exemple de résolution par linéarisation d'une équation avec une faible non-linéarité. Dans ce cas, il intervient, à chaque pas de temps, une erreur dûe à cette linéarisation et il convient, bien sûr, d' analyser ce type d'erreur sur chaque problème concret afin d'en déduire un critère sur le pas de temps (voir par exemple [Aa85] pour le cas des équations de transport des photons).

3.7.4   Couplage avec d'autres méthodes numériques

Il est possible d'utiliser des méthodes de Monte-Carlo dans un domaine de calcul et une autre méthode dans un domaine voisin, par exemple avec une modélisation utilisant l'approximation diffusion de l'équation de transport (en fait cela est fréquent pour des simulations numériques qui utilisent l'équation de Boltzmann dans un domaine et l'équation de Navier-Stokes dans un autre, voir chapitre suivant). Toute la difficulté est alors de bien écrire la condition de couplage entre les deux méthodes (pour le cas de Boltzmann, voir par exemple [BTTQ92]). D'autre part, pour certains modèles on doit considérer un système du type suivant. On cherche deux fonctions $u = u(x,v)$ définies sur $\mathcal{D} \times \mathcal{V}$ et $\theta = \theta(t,x)$ définie sur $[0,T] \times \mathcal{D}$ et vérifiant:

$$v\frac{\partial u}{\partial x} + ru - Ku = \theta$$

$$\frac{\partial\theta}{\partial t} + F(\theta,\tilde{u}) = 0 \quad \theta(0,x) = \theta_0(x)$$

où θ_0 est une donnée et F une fonction Lipschitzienne de ses deux arguments (en général non linéaire) et $\tilde{u}$ est défini ci-dessus.

Une des méthodes pour résoudre numériquement ce problème est de faire par exemple une discrétisation $P0$ en espace de la fonction θ, c'est à dire l'approximer sous la forme :

$$\theta(t,x) = \sum_i \theta_i(t)\xi_i(x)$$

où ξ_i est la fonction indicatrice de la maille M_i.

Notons $U_i(x) = \widetilde{w}$ où w est la solution de:

$$v\frac{\partial w}{\partial x} + rw - Kw = \xi_i \qquad (3.22)$$

et faisons l'approximation:

$$U_i(x) \simeq \sum_j U_{i,j}\xi_j(x)$$

C'est à dire que $U_{i,j} \simeq \int_{M_j} U_i(x)dx/|M_j|$. Alors $\widetilde{u} \simeq \sum_j U_{i,j}\theta_j$ et le problème initial peut alors se réécrire sous la forme semi-discrétisée suivante:

$$\frac{\partial \theta_i}{\partial t} + F(\theta_i, \sum_j U_{i,j}\theta_j) = 0 \quad \theta_i(0) = \theta_{0,i}$$

On est alors ramené à un problème classique de résolution d'équation différentielle ordinaire dans un espace de dimension égale au nombre de mailles en espace et à l'évaluation de la matrice:

$$\{U_{i,j}\}$$

Or pour cette évaluation, on peut utiliser une méthode de Monte-Carlo: pour chaque fonction test ξ_i on résout l'équation (3.22) selon la technique classique pour un problème stationnaire, les quantités $U_{i,j}$ sont alors obtenues par évaluation des quantités de grille sur les mailles j. L'avantage de cette méthode est que l'on calcule une fois pour toutes la matrice des $U_{i,j}$, puis on doit traiter un simple problème d'équation différentielle ordinaire.

Cette méthode est appelée méthode de "Monte-Carlo symbolique", car on ne résout pas l'équation de transport avec le terme source réel, mais avec un terme source pris égal à 1 symboliquement dans chaque maille. Cette technique a été utilisée par exemple dans [NS93] dans un cadre un peu plus général où l'équation de transport comprend un terme de dérivée temporelle.

3.8 Techniques spécifiques

3.8.1 Mise en groupe

Dans la pratique, la section efficace σ est souvent une fonction qui ne dépend de la vitesse que par sa norme $|v|$, mais qui peut être très fortement oscillante en fonction de $|v|$. Ainsi les sections efficaces de neutronique doivent être tabulées en fonction de $|v|$ et souvent il faut passer dans un petit programme informatique pour connaître la valeur de $\sigma(|v|, x)$.

Or on doit connaître pour chaque particule i et pour chaque maille m la valeur de $\sigma_m(|v_i|)$.

C'est pourquoi pour une mise en oeuvre efficace de la méthode de Monte-Carlo on a souvent recours à une technique dite de "mise en groupe" qui consiste à discrétiser l'espace des vitesses $\mathcal{V} = \mathbb{R}^3$.

Cette technique n'est intéressante que si $\sigma = \sigma(|v|, x)$, ce que nous supposerons par la suite. On considère l'équation (3.7), réécrite sous la forme suivante (avec $Ku = Lu - \sigma u$):

$$\frac{\partial u}{\partial t} + v\frac{\partial u}{\partial x} + (\sigma + r)u - Lu = 0$$

Le principe est simple :

a) On discrétise l'ensemble $\mathbb{R}^+$ des valeurs prises par $|v|$ en G intervalles $I_1 I_2 \ldots I_g \ldots I_G$, et on prend un module de vitesse moyen α_g sur chaque I_g. On remplace alors la vitesse continue v de $\mathbb{R}^3$ par un élément $(w, g) \in S \times \{1, 2, \ldots, G\} = S^G$ où S est la sphère unité de $\mathbb{R}^3$. En fait on prend :

$$w = \frac{v}{|v|}; g \text{ tel que } |v| \in I_g.$$

b) On remplace l'équation continue satisfaite par $u(t, x, v)$ par une équation discrétisée satisfaite par $u_g(t, x, w)$ (appelée équation de transport multigroupe) :

$$\frac{\partial u_g}{\partial t} + \alpha_g w\frac{\partial u_g}{\partial x} + (\sigma_g + r_g)u_g - \sum_{g'} \ell_{g'g}(x)H_{g'g}(u_{g'})(w)$$

$$\text{avec } H_{g'g}(u_{g'})(w) = \int_S h_{g'g}(w', w)\sigma_{g'}(x, w')u_{g'}(x, w')dw'$$

sachant que :

$$\sum_g \ell_{g'g} = 1 \quad \int_S h_{g'g}(w', w)dw = 1$$

c) On adapte les principes généraux évoqués à la section 5, au cas où $\mathcal{V} = S^G$.

Remarque : Supposons $r = 0$. Montrons que le système est bien conservatif. Notons donc

$$U = \{u_1, u_2 \ldots u_g\} \in [L^1(S)]^G$$

Définissons alors l'opérateur A sur $[L^1(S)]^G$ par :

$$(AU)_g = \sigma_g u_g - \sum_{g'} \ell_{g'g}H_{g'g}(u_{g'})$$

D'après les propriétés ci-dessus on vérifie sans difficulté que

$$\sum_g \int (Au)_g(w)dw = 0.$$

L'intérêt de cette mise en groupe est que l'on peut stocker à chaque pas de temps toutes les valeurs utiles de la section efficace. En effet il suffit de stocker pour chaque maille :

$$G \text{ scalaires} : \{\sigma_1 \sigma_2 \ldots \sigma_G\}$$

Alors il sera très rapide de déterminer les particules qui devront sauter (et il sera même facile de vectoriser cette partie d'algorithme).

La difficulté dans cette technique de mise en groupe est de déterminer la moyenne σ_g de $\sigma(|v|)$ dans l'intervalle I_g, car $\sigma(|v|)$ peut osciller fortement sur I_g. On peut penser à la formule naïve (moyenne arithmétique)

$$\sigma_g(x) = \frac{1}{|I_g|} \int_{I_g} \sigma(x, z)dz$$

Mais, considérons un problème stationnaire simple :

$$v\frac{\partial u}{\partial x} + \sigma(|v|)u - \int \sigma(|v'|)u(x, v')dv' + ru = 0$$

Si $|v|\sigma^{-1}$ est très petit devant les dimensions caractéristiques alors comme cela a été évoqué plus haut $u(x, v)$ peut être approché par $\Phi(x)\phi(|v|)$ où Φ est solution d'une équation de diffusion dont le coefficient de diffusion est $D(x)$ donné par

$$D(x) = \int_0^{+\infty} \frac{\phi(V)}{3\sigma(x, V)} V^3 dV$$

On voit donc que si on utilise uniquement la moyenne arithmétique σ_g avec les intervalles I_g trop larges (c'est-à-dire tel que σ oscille beaucoup à l'intérieur de I_g) alors on perdra une partie de l'information contenue dans la donnée de $\sigma(x, \cdot)$. En effet, la valeur réelle de $D(x)$ peut être éloignée de $\bar{D}(x)$, coefficient de diffusion équivalent au problème multigroupe qui serait :

$$\bar{D}(x) = \sum_g I_g \frac{\phi(\alpha_g)\alpha_g^3}{3\sigma_g}$$

3.8.2   Technique du choc fictif

Lorsque le libre parcours moyen $|v|/\sigma(|v|)$ est nettement plus grand que la taille des mailles, il peut être intéressant d'utiliser cette technique qui permet d'éviter l'évaluation systématique pour chaque particule i de la valeur exacte de $\sigma(|v_i|)$ (ce qui peut être très coûteux en temps calcul, surtout si l'on n'utilise pas de mise en groupe). Rappelons le principe de cette technique. Considérons le problème (3.7) avec $f = 0$. Supposons que σ ne dépende que de $|v|$ et qu'il existe une fonction simple β de $|v|$ vérifiant

$$\sigma(v) \leq \beta(v)$$

mais telle que $|v|\beta(v)^{-1}$ soit suffisamment grand devant la taille des mailles.

Posons

$$\gamma(v) = (\beta(v) - \sigma(v))/\beta(v)$$

Alors on peut remplacer l'équation initiale par l'équation suivante :

$$\frac{\partial u}{\partial t} + v\frac{\partial u}{\partial x} + ru + \beta(v)u - Hu = 0 \qquad (3.23)$$

avec

$$Hu(v) = \beta(v)\gamma(v)u(v) + \int \sigma(v')k(v',v)u(v')dv'$$

$$= \int \beta(v')u(v')\mu(dv',v) \quad (3.24)$$

sachant que $\mu(dv',v)$ est la mesure définie par :

$$\mu(dv',v) = (1 - \gamma(v'))k(v',v)dv' + \gamma(v')\delta_v(dv')$$

où $\delta_v(\cdot)$ désigne la masse de Dirac en v.

On vérifie immédiatement que $\mu(A,\cdot)$ est (pour tout ensemble A) une densité de probabilité et l'opérateur adjoint de H sera défini par

$$H^*_\phi(v) = \beta(v)\int [(1 - \gamma(v))k(v,w)\phi(w) + \gamma(v)\delta_v\phi(w)]\,dw$$

On est donc bien dans le cadre défini au chapitre précédent, car :

$$H^*1(v) = \beta(v)$$

$$H^*\phi(v) \geq 0 \quad \forall \phi \geq 0.$$

Pour la résolution numérique, on se réfère à l'équation (3.23)

Considérons une particule dont la vitesse est V_i et le temps de vie θ_i (avant la fin du pas de temps ou de la sortie de la maille).

- on évalue un temps de "saut éventuel" τ comme temps d'arrêt tiré selon la loi de paramètre $\beta(V_i)$

- Si $\tau_i \le \theta_i$, on effectue le "saut éventuel" c'est à dire que :

    - avec la probabilité $\gamma(v)$ on ne saute pas
    - avec la probabilité $(1 - \gamma(v))$ on saute selon la mesure de densité $k(v, w)dw$

- Puis on continue l'algorithme selon le schéma classique

On vérifie sans peine que la probabilité pour que la particule de vitesse V_i n'ait pas sa vitesse modifiée avant l'instant t est $\exp(-\sigma(V_i)t)$.

Avec cet algorithme, il est clair qu'on ne doit aller chercher la valeur de $\sigma(V)$ que pour les particules i telles que $\tau_i \le \theta_i$, ce qui est très peu fréquent si $V_i \beta(V_i)^{-1}$ est grand devant la taille des mailles.

3.9 Réduction de Variance et fonctions d'importance

Les techniques de réduction de variance sont très importantes surtout si les valeurs de la fonction inconnue (qui est en général une densité de particules) varient sur plusieurs ordres de grandeur entre différentes parties de la géométrie ou si la méthode classique donne des résultats très fluctuants. Les fluctuations sont souvent dûes au fait que les poids des particules sont très variables et qu'il n'y a pas assez de particules dans les "zones intéressantes". Une des méthodes pour diminuer la variance des résultats est d'utiliser des techniques de fonctions d'importance. Faisons tout d'abord une remarque générale qui est à la base de la technique.

Soit $h = h(x, v)$ une fonction positive définie sur $\mathcal{D} \times \mathcal{V}$. Considérons le problème classique :

$$\begin{cases} \dfrac{\partial u}{\partial t} + v \dfrac{\partial u}{\partial x} + ru - Ku = f, \\ u(0, .) = g, \end{cases}$$

avec des conditions aux limites adéquates et les notations du début du chapitre. Si on pose :

$$\psi(t, x, v) = u(t, x, v)/h(x, v),$$

le problème précédent est équivalent à chercher ψ vérifiant:

$$\frac{\partial \psi}{\partial t} + v \frac{\partial \psi}{\partial x} + R\psi - \overline{K}\psi = f/h, \tag{3.25}$$

où :

$$R(x, v) = r(x, v) + \frac{1}{h(x, v)} v \cdot \frac{\partial h}{\partial x} - \overline{\sigma}(x, v) + \sigma(x, v),$$

$$\overline{\sigma}(x, v) = \int \frac{1}{h(x, w)} \sigma(x, v) k(x, v, w) h(x, v) dw,$$

$\overline{K}$ un opérateur conservatif classique (de la même forme que K) défini par $\overline{\sigma}$ et $\overline{k}$:

$$\overline{k}(x,v',v) = \sigma(x,v')k(x,v',v)h(x,v')/(\overline{\sigma}(x,v')h(x,v))$$

Remarque : Si h ne dépend que de x alors on a :

$$\begin{cases} \overline{K} = K, \overline{\sigma} = \sigma \\ R = r + v \cdot \frac{\partial}{\partial x}(Logh) \end{cases} \tag{3.26}$$

et si h ne dépend que de v alors on a :

$$\begin{cases} \overline{\sigma}(x,v) &=& \sigma(x,v)h(v)\int k(v,w)\dfrac{1}{h(w)}dw \\[2mm] \overline{k}(v',v) &=& \dfrac{k(v',v)}{h(v)}\left[\int k(v',w)\dfrac{1}{h(w)}dw\right]^{-1} \\[2mm] R(x,v) &=& r(x,v) + \sigma(x,v)[1 - h(v)\int k(v,w)\dfrac{1}{h(w)}dw] \end{cases} \tag{3.27}$$

Le principe de la technique est simple : on résout l'équation (3.25) par la méthode classique c'est-à-dire que l'on fait l'approximation :

$$\psi(t,x,v)dxdv \simeq \sum_i w_i(t)\delta_{X_i(t)}\delta_{V_i(t)} \tag{3.28}$$

où les (X_i, V_i) sont des réalisations du processus de Markov associé au générateur dual de

$$\left(-v\frac{\partial \cdot}{\partial x} + \overline{K}\right)$$

et w_i solution pour chaque particule i de

$$\frac{\partial w_i}{\partial t} + R(X_i(t), V_i(t))w_i(t) = 0$$

Finalement on a :

$$u(t,x,v)dxdv \simeq \sum_i w_i(t)h(X_i(t), V_i(t))\delta_{X_i(t)}\delta_{V_i(t)} \tag{3.29}$$

Les applications sont nombreuses, nous en citerons trois.

3.9.1 Biaisage angulaire

On peut tout d'abord supposer que h ne dépend que de v. D'après les formules (3.27), le remplacement de l'équation en u par l'équation en ψ, correspond sur le plan numérique à un changement de la section efficace (σ devient $\overline{\sigma}$ et à un changement de la loi du saut de la vitesse à chaque collision (k devient $\overline{k}$).

Du point de vue de la technique de la méthode de Monte-Carlo, cela revient à un biaisage du choix de la vitesse à chaque collision. Et on peut utiliser cette technique par exemple dans le cas suivant : la source physique des particules est dans une zone déterminée A et on s'intéresse à la solution dans une autre zone B (éloignée de la première), il est alors intéressant de biaiser le choix de la vitesse à chaque collision de telle sorte que celle-ci soit principalement orientée de A vers B.

Supposons donc que :

- la section efficace σ ne dépende que de x et $|v|$

- le noyau ne dépende que de x et $|v|$, $|v'|$

- l'on veuille privilégier les directions de vitesses appartenant à la calotte sphérique Σ telle que le rapport entre la surface de Σ et celle de S^2 est δ.

Ainsi on définit la fonction d'importance de la façon suivante (on écrit $\vec{v} = |\vec{v}|\Omega$ où $\Omega \in S^2$) :

$$h(v) = h(\Omega) = \left\{ \begin{array}{ll} 1 & \text{si} \quad \Omega = \frac{v}{|v|} \in \Sigma^C \\ M^{-1} & \text{si} \quad \Omega \in \Sigma \end{array} \right.$$

On a alors :

$$\overline{\sigma}(x,v) = \sigma(x,|v|)h(\Omega)(1 - \delta + \delta M)$$
$$\overline{k}(x,v',v) = \frac{k(x,|v'|,|v|)}{h(\Omega)}(1 - \delta + \delta M)^{-1}$$
$$R(x,v',v) = r(x,v) + \sigma(x,|v|)(1 - h(\Omega)(1 - \delta + \delta M)).$$

On prend $M > 1$, pour le tirage de l'angle Ω de la vitesse après chaque collision, on opère de la façon suivante :

Ω uniformément répartie sur Σ avec la probabilité $\dfrac{\delta M}{1 - \delta + \delta M}$

Ω uniformément répartie sur Σ^c avec la probabilité $\dfrac{1 - \delta}{1 - \delta + \delta M}$

Voir dans l'annexe de ce chapitre un exemple numérique d'utilisation de cette technique de biaisage.

3.9.2 Biaisage des poids

On peut choisir une fonction h ne dépendant que de x et différentiable en x, on a alors :

$$R(x,v) = r(x,v) + v \cdot \frac{\partial}{\partial x}(Logh).$$

Pour évaluer la fonction ψ, on opère alors la même trajectographie des particules que celle qui aurait été faite pour la fonction u ; par contre la variation des poids des particules est différente. Ainsi, si l'on revient à la fonction initiale u en utilisant la formule (3.29), on ne change rien, dans la pratique, à la méthode classique, puisque l'on ne change pas la trajectographie.

L'intérêt de ce biaisage des poids réside uniquement dans le fait qu'il est utilisé conjointement avec une technique de poids seuil (dans laquelle on tue les particules qui ont un poids inférieur à un certain seuil pour ne pas avoir à suivre un trop grand nombre de particules).

3.9.3 Surface de "Splitting"

On peut choisir la fonction h constante par zone. Ainsi, supposons que l'on opère une partition de $\mathcal{D}$ en deux sous ensembles $\mathcal{D}_1$ et $\mathcal{D}_2$ dont la frontière commune est notée Γ. Soit M une constante supérieure à 1, posons :

$$h(x) = \left| \begin{array}{ccc} 1 & \text{si} & x \in \mathcal{D}_1 \\ M^{-1} & \text{si} & x \in \mathcal{D}_2 \end{array} \right.$$

Nous avons alors :

$$R(x,v) = r(x,v) - \delta_\Gamma n_\Gamma \cdot v Log M$$

où n_Γ est la normale à Γ dirigée de $\mathcal{D}_1$ vers $\mathcal{D}_2$. δ_Γ est la mesure surfacique uniforme portée par Γ de masse 1. Lorsque l'on résout l'équation :

$$\frac{\partial w_p}{\partial t} + R w_p = 0$$

l'introduction de la masse de Dirac revient à multiplier le poids w_p par M quand la particule p traverse Γ et que $n_\Gamma \cdot V_p$ est positif.

De façon pratique pour l'évaluation de la fonction ψ on effectue le traitement suivant (appelé méthode de Roulette Russe et Splitting) :

- Quand une particule traverse Γ dans le sens $\mathcal{D}_1$ vers $\mathcal{D}_2$, on la remplace par M particules ayant le même poids, la même vitesse (si M n'est pas un nombre entier, on tire au sort entre $[M]$ et $[M]+1$ avec les probabilités adéquates).

- Quand une particule traverse Γ dans l'autre sens on la tue avec une probabilité : M^{-1}.

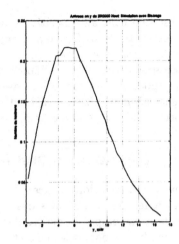

FIG. 3.1 – *Simulation sans biaisage*   FIG. 3.2 – *Simulation avec biaisage*

3.10 Un exemple de biaisage angulaire

On considère ici une équation de transport simple en géométrie bidimensionnelle; le domaine spatial est le suivant:

$$\mathcal{D} = \{(x_1, x_2) \; / \; 0 < x_1 < 15; \; 0 < x_2 < 17\}$$

et le domaine en vitesse:

$$\mathcal{V} = \{v \in \mathbf{R}, |v| \leq 1\}$$

muni de la mesure uniforme. On cherche $u(x, v)$ solution de l'équation stationnaire:

$$\begin{cases} v \cdot \dfrac{\partial u}{\partial x} + ru + \sigma(u - \displaystyle\int u(v')dv') = 0, & x \in \mathcal{D}, \; v \in \mathcal{V}, \\ u(x, v) = g(x)G(v) & x \in \partial\Omega, v \in Z_x \end{cases}$$

où g est l'indicatrice du segment ($x_1 = 0$, $x_2 \in [2, 7]$) et G une fonction positive dont le support est concentré près de la valeur $v = (v_1, v_2) = (0, 1)$ et dont l'intégrale vaut 1.

On prend:

$$r = 0.1, \sigma = 0.9.$$

On cherche une évaluation du flux sortant $F(x_2)$ sur la frontière ($x_1 = 15$). en fonction de x_2. Deux calculs ont été effectués, l'un par une méthode classique, l'autre en utilisant le biaisage par la fonction d'importance suivante:

$$h(v) = \frac{1}{1 - kv_1},$$

où k est une constante positive qui, après tâtonnement, a été prise égale à 0.52, (ce choix de la fonction d'importance va favoriser le déplacement des particules dans la direction x_1, et doit donc améliorer la statistique sur la réponse souhaitée). Nous indiquons sur les deux figures ci-jointes les résultats obtenus pour la fonction $F(x_2)$ avec les deux méthodes, en générant sur la source le même nombre de particules: 200000. L'amélioration de la statistique est spectaculaire avec la méthode biaisée.

3.11   Remarques sur la programmation

Une programmation efficace repose sur la gestion informatique des tableaux contenant les caractéristiques des particules. En général, pour les problèmes d'évolution en temps, on génère des particules à tous les pas de temps. Pour que le nombre de particules ne soit pas trop grand, on tue les particules quand leur poids devient inférieur à un certain poids seuil dépendant du domaine où elles se trouvent et de leur poids initial.

L'adaptation des méthodes de Monte-Carlo pour le transport, aux architectures modernes d'ordinateurs, est un vaste sujet. Nous allons seulement donner quelques indications concernant la vectorisation d'une part et la parallélisation d'autre part de ces méthodes.

3.11.1   Vectorisation

Le problème de la vectorisation des méthodes de Monte-Carlo est classique, mais requiert néanmoins un effort important de programmation.

En effet on doit traiter les particules par paquet, mais dans chaque paquet, les particules ont des histoires différentes.

Schématiquement, en reprenant les notations introduites dans l'algorithme décrit au paragraphe 5 de ce chapitre, pour chaque particule d'un paquet on devra:

1. évaluer les 3 temps: t_q, τ_q, θ_q associés

2. calculer $s = \min(t_q, \tau_q, \theta_q)$

3. faire trois listes de particules (au minimum, car on peut faire des sous-listes pour des conditions limites particulières) correspondant aux trois événements:

$$s = t_q$$
$$s = \tau_q$$
$$s = \theta_q$$

4. Après modification des paramètres des particules des 2 premiers cas et suppression des particules du 3° cas, on revient au point 1 (jusqu'à épuisement de toutes les particules du paquet).

On voit donc que l'on doit faire un usage intensif des listes de particules vérifiant certains critères et de l'adressage indirect.

3.11.2 Parallélisation

Concernant la parallélisation de ces méthodes sur machines parallèles MIMD (Multiple Instructions, Multiple Data) à mémoire partagée, deux grandes stratégies se dessinent :

- Soit distribuer les processeurs de calcul selon les paquets de particules. Cela est envisageable si d'une part on peut stocker toutes les données géométriques et physiques utiles sur chaque processeur et si d'autre part (dans le cas des problèmes d'évolution en temps) il n'est pas nécessaire d'estimer les quantités de grille ϕ et J à chaque pas de temps (car l'estimation de ces quantités est globale à tous les processeurs et nécessiterait beaucoup de transferts d'information).

- Soit distribuer les processeurs selon les sous-domaines du maillage; dans ce cas il faut gérer les transferts de particules d'un sous-domaine à un autre. Il convient de distinguer deux types de problèmes.

  - Problèmes où la discrétisation temporelle n'intervient pas. C'est le cas des problèmes stationnaires et des problèmes d'évolution en temps avec des coefficients indépendant du temps.

    Il n'y a pas alors de difficulté d'ordre conceptuelle. On affecte à chaque processeur un et un seul sous-domaine et dans chacun des sous-domaines D, on traite les particules qui sont dans D jusqu'à ce qu'elles sortent toutes du sous-domaine (ou que leur temps de vie soit atteint ou qu'elles soient tuées à cause de leur poids devenu trop faible), on opère les transferts d'information entre processeurs et on itère le procédé.

  - Problèmes où la discrétisation temporelle est cruciale. C'est le cas des problèmes d'évolution en temps avec des coefficients de sections efficaces qui évoluent au cours du temps (ou, a fortiori, de coefficients qui dépendent de la solution au pas de temps précédent).

    Le principe général est d'opérer à chaque pas de temps de la façon suivante : Pour chaque sous-domaine D, on traite les particules contenues au début du pas de temps dans D, puis on opère les transferts d'informations entre processeurs, puis pour chaque D on traite les particules qui sont entrées dans D au cours du pas de temps. Il convient alors théoriquement d'opérer les transferts d'information entre processeurs pour les particules qui au cours du pas de temps ont pu appartenir à 3 sous-domaines. On voit que ces situations sont en général très peu fréquentes mais qu'elles risquent d'être très coûteuses en temps calcul, la difficulté du problème consiste à trouver une solution économique pour traiter de telles situations.

Pour les 2 types de problèmes, l'équilibrage des taches entre les différents processeurs est un sujet important et délicat.

3.12 Commentaires bibliographiques et conclusions

Nous n'avons pas détaillé ici les méthodes numériques relatives aux méthodes de Monte-Carlo adjointe; elle sont du même type que celles que nous avons présentées (voir sur ce sujet [Aa85],[HE81]).

De très nombreux travaux concernent les techniques de réduction de variance, certaines de ces techniques sont très heuristiques, d'autres sont uniquement adaptées à un problème particulier; en tout état de cause les techniques de réduction de variance doivent nécessairement "suivre" la physique du problème pour être efficaces. Sur ces techniques qui peuvent faire diminuer les fluctuations statistiques et assurer une mise en oeuvre efficace, voir par exemple [SG69], [Aa85] , [Boo85].

Les méthodes que nous venons de décrire ont l'avantage d'être très souples; par exemple, on peut partir d'un modèle assez simple avec un seul type d'opérateur de collision puis enrichir le modèle en tenant compte de plusieurs opérateurs de collision différents ou supprimer le traitement numérique d'un opérateur de collision dans une zone si on sait qu'il y est peu important.

Par ailleurs, on peut traiter des problèmes de très grande taille sans trop de difficultés en ajustant le nombre de particules (et donc le coût du calcul) à la précision souhaitée. Remarquons enfin que la précision de la méthode, et donc son intérêt, sont plus grands si on cherche seulement un petit nombre de résultats scalaires (par exemple la valeur de la solution dans une petite partie du domaine ou sur la frontière) et on pourra alors utiliser des méthodes de réduction de variance qui pourront justement facilement favoriser l'évaluation de résultats localisés dans une région donnée.

Chapitre 4

Méthode de Monte-Carlo pour l'équation de Boltzmann

Introduction

L'équation de Boltzmann décrit l'évolution d'une population de particules qui subissent des collisions binaires et qui se meuvent en ligne droite entre deux collisions. Ce type d'équation peut être utilisé dans un grand nombre de modélisations physiques où l'on veut décrire finement des phénomènes collisionnels. Un exemple important d'application est la modélisation des écoulements autour des objets dans la haute atmosphère (au dessus de 70 km) où la distribution des particules n'est pas nécessairement une fonction Maxwellienne. Cette équation peut être également utilisée pour modéliser le comportement de gaz très peu denses dans des expériences de laboratoire.

Pendant longtemps, les méthodes de Monte-Carlo furent les seules utilisées pour résoudre l'équation de Boltzmann mais elles furent introduites historiquement, comme étant une simulation directe (avec un nombre restreint de particules) du processus de physique statistique sous-jacent, à savoir la dynamique d'un gaz raréfié comprenant un très grand nombre de particules (un nombre tel que la fonction de distribution des particules a un comportement déterministe), d'où la dénomination de la méthode : "Direct Simulation Monte-Carlo" par Bird [Bir63] dès 1963.

La démarche sera ici différente de celle des chapitres précédents concernant l'équation de transport linéaire; nous ne chercherons pas à démontrer ici, sur l'équation complète, de résultats du type: "la solution de l'équation de Boltzmann est l'espérance mathématique de telle fonctionnelle d'un processus aléatoire", (en effet, un tel résultat rigoureux et complet n'existe pas encore, voir cependant les commentaires bibliographiques à la fin du chapitre concernant les travaux dans cette direction). Néanmoins nous établirons une relation (rigoureuse) entre l'équation de Boltzmann spatialement homogène et la limite quand $N \to \infty$ de "l'équation maîtresse d'un système à N particules", qui est une équation de Fokker-Planck pour un processus de Markov dans un espace R^{3N} (ce qui permet ainsi de donner une interprétation en termes de méthode de Monte-Carlo). Le principe de toutes les méthodes numériques est d'opérer d'abord un dévissage ("splitting") entre la partie advection et la partie collision. Le traitement de la phase de collision peut être envisagé selon deux types de méthodes : linéaires ou symétriques. Pour les premières, on linéarise l'opérateur de collision à chaque pas de temps et on opère par analogie avec ce qui a été fait pour les équations de transport. Pour les secondes, on garde la symétrie des collisions et on retrouve l'interprétation probabiliste de l'équation spatialement homogène évoquée plus haut.

Il est important de noter que l'on ne peut pas faire de collisions "en vol" comme pour l'équation de transport, en effet la section efficace "en vol" n'est pas connue, étant donné qu'elle dépend de la fonction de distribution au point de l'espace considéré. C'est pourquoi, le splitting entre la partie advection et la partie collision est indispensable ici, par opposition à ce qui a été présenté dans les chapitres précédents.

4.1 Généralités sur les équations de Boltzmann

Nous nous contenterons ici de décrire l'équation de Boltzmann la plus simple :

 – pour une seule espèce de particules

 – pour des particules n'ayant pas d'énergie interne.

Mais la plupart des développements que nous ferons peuvent être adaptés à des situations plus générales. Conformément à la tradition, nous noterons par $f(t,x,v)$, la population de particules à l'instant t et ayant la vitesse v (appartenant à $\mathbf{R}^3$) et la position x (appartenant à un ouvert $\mathcal{D}$ de $\mathbf{R}^3$). L'équation de Boltzmann s'écrit alors :

$$\frac{\partial f}{\partial t} + v.\frac{\partial f}{\partial x} = Q(f,f) \tag{4.1}$$

où Q est l'opérateur de collision :

$$Q(f,f)(v)$$
$$= \int_{\mathbf{R}^3} \int_{S^2} q(v-v_1, \sigma.(v-v_1)|v-v_1|^{-1})\left[f(v')f(v_1') - f(v)f(v_1)\right] d\sigma\, dv_1$$

sachant que $\sigma \in S^2$ (sphère unité de $\mathbf{R}^3$) et que l'on a posé :

$$v' = \frac{1}{2}(v+v_1) + \frac{1}{2}\sigma|v-v_1|, \qquad v_1' = \frac{1}{2}(v+v_1) - \frac{1}{2}\sigma|v-v_1| \tag{4.2}$$

La mesure $d\sigma$ est la mesure unité sur S^2 et q est une fonction positive définie sur $\mathbf{R}^3 \times [-1, 1]$ telle que $q(w, \mu)$ ne dépende que de $|w|$ (la vitesse relative entre les particules) et μ (le cosinus de l'angle entre les vitesses relatives pré- et post-collisionelles). La quantité $q_0(w, \mu) = q(w, \mu)/|w|$, s'appelle section efficace microscopique. Les cas les plus simples et les plus courants sont:

$$q_0(w, \mu) = C, \qquad q(w, \mu) = C|w|$$

$$q_0(w, \mu) = C|w|^{\alpha-1}, \qquad q(w, \mu) = C|w|^{\alpha}, \qquad \alpha > 0$$

qui sont appelés respectivement "sphères dures" et (par analogie, en Anglais) "Variable Hard Spheres".

On peut définir un libre temps moyen pour des collisions correspondant à une particule de vitesse v par:

$$1/\int \Big(\int_{-1}^{1} q(v - v_1, \mu)d\mu/2\Big)f(v_1)dv_1$$

Dans le cas où $\mathcal{D}$ n'est pas l'espace entier, il convient bien sûr de se donner des conditions aux limites sur la frontière de $\mathcal{D}$ de la même façon que cela a été fait pour l'équation du transport dans le chapitre précédent.

On voit que l'on a conservation de la quantité de mouvement et de l'énergie cinétique pour les relations de chocs définies par (4.2), c'est à dire:

$$\begin{aligned} v' + v_1' &= v + v_1 \\ |v'|^2 + |v_1'|^2 &= |v|^2 + |v_1|^2 \end{aligned}$$

Nous donnons ici quelques propriétés élémentaires de l'opérateur Q qui permettront d'écrire des relations fondamentales de conservation globale de la quantité de mouvement et de l'énergie cinétique (qui devront être satisfaites également sur le plan numérique).

L'opérateur quadratique $Q(f, f)$ provient de la forme bilinéaire suivante (que l'on utilise pour linéariser le problème):

$$Q(f, g) = -L(g)f + S(f, g)$$

où l'opérateur linéaire L et l'opérateur quadratique S sont donnés par:

$$L(g) = \int_{\mathbf{R}^3} \int_{S^2} q(v - v_1, \sigma.(v - v_1)|v - v_1|^{-1})g(v_1)dv_1 d\sigma$$

$$S(f, g)(v) = \int_{\mathbf{R}^3} \int_{S^2} q(v - v_1, \sigma.(v - v_1)|v - v_1|^{-1})f(v')g(v_1')dv_1 d\sigma$$

sachant que v' et v_1' sont donnés par (xdvi4.2).

Sans entrer dans les détails concernant les espaces fonctionnels dans lesquels doivent se trouver les fonctions f et g, précisons simplement que si la fonction $q(w, .)$ est à croissance polynomiale en $|w|$, alors f et g doivent être à "décroissance rapide à l'infini" pour que $Q(f, g)$ soit, par exemple, dans un espace $L^1(\mathbf{R}^3)$ avec poids.

   Pour g fixé, l'opérateur $Q(f, g)$ peut s'interpréter comme modélisant l'effet des collisions de la population représentée par g sur la population représentée par f.

Proposition 4.1.1 *Pour toutes fonctions f et g définies sur $\mathbf{R}^3$ et à "décroissance rapide à l'infini", on a :*

$$i) \quad \int_{\mathbf{R}^3} Q(f, g)(v) dv = 0$$

$$ii) \quad \int_{\mathbf{R}^3} v Q(f, f)(v) dv = 0$$

$$iii) \quad \int_{\mathbf{R}^3} v^2 Q(f, f)(v) dv = 0$$

Démonstration : En faisant le changement de variables

$$v, v_1, \sigma \to v', v_1', \sigma'$$

où $\sigma' = (v - v_1)|v - v_1|^{-1}$, et en remarquant que:

$$q(v' - v_1', \sigma'.(v' - v_1')|v' - v_1'|^{-1}) = q(v - v_1, \sigma.(v - v_1)|v - v_1|^{-1})$$

on vérifie que pour toute fonction ϕ définie sur $\mathbf{R}^3$, on a:

$$\int \phi(v) S(f, g)(v) dv =$$

$$= \int \int \int_{S^2} \phi(v) q(v - v_1, \sigma.(v - v_1)|v - v_1|^{-1}) f(v') g(v_1') dv_1 dv d\sigma =$$

$$= \int \int \int_{S^2} \phi(v) q(v' - v_1', \sigma'.(v' - v_1')|v' - v_1'|^{-1}) f(v') g(v_1') dv_1' dv' d\sigma'$$

   En faisant un changement de notations (v', v_1', σ' devenant v, v_1, σ et vice-versa) on déduit de la dernière relation que :

$$\int \phi(v) S(f, g)(v) dv =$$

$$\int \int \int \phi(v') q(v - v_1, \sigma.(v - v_1)|v - v_1|^{-1}) f(v) g(v_1) d\sigma dv dv_1$$

D'où le résultat i) en faisant $\phi = 1$.

Pour les points ii) et iii), on écrit une relation analogue avec v' changé en v_1' :

$$\int \phi(v)Q(f,f)(v)dv =$$

$$= \frac{1}{2}\int\int\int [\phi(v') + \phi(v_1') - \phi(v) - \phi(v_1)]q(v - v_1, \sigma.(v - v_1)|v - v_1|^{-1}) \times$$

$$\times f(v)f(v_1)d\sigma dv dv_1 \quad (4.3)$$

et on choisit successivement :

$$\phi(v) = v \quad \text{et} \quad \phi(v) = v^2$$

Le résultat est alors une simple conséquence des relations de conservation :

$$\phi(v) + \phi(v_1) = \phi(v') + \phi(v_1')$$

$\square$

Donc si on ne tient pas compte de la dépendance en x, la solution $f = f(t,v)$ de l'équation spatialement homogène:

$$\frac{\partial f}{\partial t} = Q(f,f)$$

est telle que l'on a conservation du nombre total de particules

$$\int f(v)dv,$$

de la quantité de mouvement totale

$$\int v f(v)dv,$$

et de l'énergie cinétique totale

$$\int \frac{v^2}{2} f(v)dv.$$

On peut également montrer une décroissance de l'entropie mathématique

$$\int f(v)\log f(v)dv,$$

en utilisant la propriété

$$\int Q(f,f)(v)\log f(v)dv \leq 0.$$

Pour une approche générale des équations de Boltzmann, voir par exemple [Cer88]. Pour être complet et bien que cela ne soit pas utile pour notre propos, nous donnons ci-dessous deux résultats sur l'existence de solutions de l'équation de Boltzmann. D'une part, dans le cas spatialement homogène et sous l'hypothèse (que nous ferons dorénavant) :

$$q(v - v_1) \leq C|v - v_1|^{\alpha}.$$

En notant $L_2^1(\mathbf{R}^3) = \{f \text{ t.q. } \int f(v)(1 + |v|^2)dv < \infty\}$, on a le résultat suivant, voir [Ark81], [MW96] :

Proposition 4.1.2 *Si l'on fait l'hypothèse que la condition initiale f^0 est positive et vérifie :*

$$f^0 \in L_2^1(\mathbf{R}^3)$$

$$\int f^0(v) \log f^0(v)dv < \infty$$

Alors, il existe une unique solution continue de $\mathbf{R}^+$ à valeurs dans $L_2^1(\mathbf{R}^3)$ de l'équation spatialement homogène $\frac{\partial f}{\partial t} = Q(f, f)$.

D'autre part, la démonstration d'un résultat d'existence d'une solution globale est récente et technique voir [PL89]. Ce résultat s'énonce sous la forme suivante dans le cas où le domaine $\mathcal{D}$ est $\mathbf{R}^3$, en notant $L_M^1(\mathbf{R}^3 \times \mathbf{R}^3) = \{f \text{ t.q. } \int \int f(v)e^{-|v|^2/2}dx\,dv < \infty\}$:

Proposition 4.1.3 *Si l'on fait l'hypothèse que la condition initiale f^0 est positive et vérifie :*

$$f^0 \in L_M^1(\mathbf{R}^3 \times \mathbf{R}^3)$$

$$\int \int f^0(v) \log f^0(v)dvdx < \infty$$

alors, il existe une solution de l'équation 4.1 au sens où l'on a la relation suivante (dans l'espace $L_{loc}^1[0, +\infty; L_M^1(\mathbf{R}^3 \times \mathbf{R}^3)]$) :

$$(\frac{\partial}{\partial t} + v.\frac{\partial}{\partial x})(\log(1 + f)) = \frac{Q(f, f)}{1 + f}$$

et de plus f est faiblement continue de $\mathbf{R}^+$ à valeurs dans $L_M^1(\mathbf{R}^3 \times \mathbf{R}^3)$.

4.2 Lien avec l'équation maîtresse

L'objet de ce paragraphe est de justifier une famille de méthodes de Monte-Carlo (méthode symétrique, méthode de Bird) et plus précisément la phase dite de collisions. On se place donc dans un cadre spatialement homogène; il s'agit de montrer comment cette méthode permet d'approcher sur un intervalle de temps fixé la solution de l'équation :

$$\frac{\partial f}{\partial t} = Q(f, f) \tag{4.4}$$
$$f(0, v) = f^0(v)$$

avec $f^0 \geq 0$. Notons :

$$\rho = \int f^0(v)dv \quad , \qquad \hat{f}(t, v) = f(t, v)/\rho \tag{4.5}$$

D'après la proposition 4.1.1, $\hat{f}(t)$ est une densité de probabilité, pour tout t. Nous allons approcher $\hat{f}(t)$ par une suite de probabilités empiriques (c'est à dire une combinaison linéaire de masses de Dirac) qui seront construites à partir d'un processus Markovien de saut à valeurs dans $\mathbf{R}^{3N}$ pour N grand.

Précisons, tout d'abord, les notations suivantes :

- E désigne l'espace des vitesses $\mathbf{R}^3$

- $C_b(E)$ désigne l'espace des fonctions bornées continues sur E et $\langle ., . \rangle$ le produit de dualité entre les mesures sur E et $C_b(E)$

- $E^{(N)}$ désigne la N^{ieme} puissance symétrique de E (c'est à dire que 2 éléments sont égaux si on peut passer de l'un à l'autre par une permutation de leurs composantes)

- $\mathbf{v} = (v_1, v_2, \ldots, v_i, \ldots, v_N)$ un élément de $E^{(N)}$.

Introduisons maintenant la notion de variables aléatoires chaotiques. Soit $\mathbf{V}^N = (V_1^N, V_2^N, \ldots, V_i^N, \ldots, V_N^N)$ une suite de variables aléatoires à valeurs dans $E^{(N)}$ et soit μ_0 une probabilité sur E. Pour tout N, la variable aléatoire $\mathbf{V}^N$ à valeurs dans $E^{(N)}$ admet pour loi, une mesure μ^N sur $E^{(N)}$, (c'est à dire une mesure symétrique sur E^N). A la variable aléatoire $\mathbf{V}^N$, on fait correspondre la mesure aléatoire :

$$\overline{\mathbf{V}}^N = \frac{1}{N} \sum_{i=1}^{N} \delta_{V_i^N}, \qquad \delta \text{ désignant la mesure de Dirac sur} E$$

La mesure aléatoire $\overline{\mathbf{V}}^N$ s'appelle la probabilité empirique associée à la variable $\mathbf{V}^N$.

Définition 4.2.1 On dit que les variables aléatoires $\mathbf{V}^N$ sont chaotiques pour la mesure de probabilité μ_0 si la mesure aléatoire $\overline{\mathbf{V}}^N$ converge étroitement en moyenne vers μ_0, quand $N \to \infty$, c'est à dire que

$$\mathbf{E}(|\langle \overline{\mathbf{V}}^N, \phi \rangle - \langle \mu_0, \phi \rangle|) \to 0 \quad \text{pour tout } \phi \in C_b(E)$$

Remarque : Comme ϕ est borné, la convergence en moyenne est équivalente à la convergence en probabilité, c'est à dire que quand $N \to \infty$:

$$\mathbf{P}(|\langle \overline{\mathbf{V}}^N, \phi \rangle - \langle \mu_0, \phi \rangle| \geq \quad \epsilon) \to 0 \quad \text{pour tout } \phi \in C_b(E)$$

On peut montrer le résultat suivant (voir par exemple [Wag92]) :

Proposition 4.2.2 *Les variables aléatoires* $\mathbf{V}^N$ *sont chaotiques pour la mesure de probabilité* μ_0 *si et seulement si pour tout entier* j *et pour tout* $\phi_1, \phi_2, \ldots \phi_j$ *dans* $C_b(E)$, *on a :*

$$\int \int \cdots \int \phi_1(y_1)\phi_2(y_2) \ldots \phi_j(y_j) \mu_N|_{E^j}(dy_1 dy_2 \ldots dy_j) \to \prod_{k=1}^{j} \langle \mu_0, \phi_k \rangle$$

quand $N \to \infty$.

Remarque : Voici un exemple important de variables aléatoires chaotiques. Supposons que l'on ait une suite de variables aléatoires indépendantes équidistribuées $\{W_1, W_2, \ldots, W_i, \ldots\}$ de loi μ_0 , alors les variables $\mathbf{V}^N = \{W_1, W_2, \ldots, W_N\}$ sont chaotiques pour la mesure μ_0; en effet d'après la loi des grands nombres, on a quand N tend vers ∞ :

$$\langle \overline{\mathbf{V}}^N, \phi \rangle = \frac{1}{N} \sum_{i=1}^{N} \phi(W_i) \to \langle \mu_0, \phi \rangle \qquad \text{presque sûrement}$$

(la limite étant la moyenne de $\phi(W_1)$).

Remarque : Si les variables aléatoires $\mathbf{V}^N$ sont chaotiques pour μ_0 alors la loi marginale de V_1^N converge étroitement vers μ_0 (cela résulte de la proposition précédente et du fait que la loi de $\mathbf{V}^N$ est symétrique)

4.2.1 Equation maîtresse et processus de collision de Bird

On considère maintenant l'équation linéaire suivante satisfaite par la fonction $h_N = h_N(t, \mathbf{v})$ définie sur $E^{(N)}$.

$$\frac{\partial}{\partial t} h_N(\mathbf{v}) = \frac{\rho}{N} \sum_{1 \le i \ne j \le N} \int_{S^2} q(g_{i,j}(\mathbf{v}))(h_N((\mathbf{v})'_{i,j}) - h_N(\mathbf{v})) d\sigma$$

$$h_N(0, \mathbf{v}) = \prod_{i=1}^{N} \hat{f}(0, v_i)$$

sachant que pour tout $\mathbf{v}$, l'on utilise la notation suivante (le paramètre σ n'étant pas écrit) :

$$(\mathbf{v})'_{i,j} = (v_1, \dots, v'_i, \dots, v'_j, \dots v_N)$$

avec v'_i, v'_j donnés par les formules (4.2) où intervient le paramètre σ et :

$$g_{i,j}(\mathbf{v}) = v_i - v_j$$

Il est facile de vérifier que pour tout t, $h_N(t, .)$ est bien une fonction définie sur $E^{(N)}$, (c'est à dire symétrique sur E^N) Pour simplifier l'écriture on a supposé que $q(w, \mu)$ ne dépend pas de μ. Cette équation est appelée équation maîtresse pour un système collisionnel de N particules. C'est une équation de Fokker-Planck pour le processus Markovien de saut :

$$\mathbf{V}_t^N = (V_{1t}^N, V_{2t}^N, \dots, V_{it}^N, \dots, V_{Nt}^N)$$

à valeurs dans $E^{(N)}$ défini ci-dessous :

- La condition initiale est telle que $(V_{10}^N, V_{20}^N, \dots V_{i0}^N, \dots V_{N0}^N)$ sont répartis de façon indépendante selon la densité $\hat{f}(0)$ sur E

- Le premier temps de saut est une variable aléatoire de type exponentiel de paramètre :

$$\frac{\rho}{N} \sum_{i,j=1}^{N} q(g_{i,j}(\mathbf{V}^N))$$

Puis avec la probabilité

$$\frac{q(g_{i,j}(\mathbf{V}^N))}{\sum_{k,l=1}^{N} q(g_{k,l}(\mathbf{V}^N))}$$

le couple (i, j) est sélectionné et le processus saute de la position $\mathbf{v}$ à la position $(\mathbf{v})'_{i,j}$ définie ci-dessus pour σ équiréparti sur la sphère unité.

Le processus $\mathbf{V}_t^N$ est appelé un processus de collision de Bird. On peut vérifier immédiatement que la loi de ce processus est bien symétrique par rapport à tous ses arguments.

Remarquons que l'équation de Kolmogorov associée à ce processus est identique à son équation de Fokker-Planck, car le générateur infinitésimal du processus est symétrique. Le but de ce paragraphe est de montrer que l'on peut approcher la solution de l'équation (4.4) à l'aide de ce processus. Pour cela, on doit d'abord énoncer un résultat très important de propagation du chaos.

4.2.2   Propagation du chaos

D'après la remarque 2 précédente, la valeur initiale des processus de collision de Bird $\mathbf{V}_t^N|_{t=0}$ sont chaotiques pour la mesure $\hat{f}(0,v)dv$. Et on a :

Théorème 4.2.3 (de propagation du chaos) *Pour tout t positif, les $\mathbf{V}_t^N$ sont chaotiques pour la mesure $\hat{f}(t,v)dv$ (où $\hat{f}$ est donné par (4.5))*

Ce théorème, dont l'énoncé est dû à Kac (voir ([Kac56]) est délicat à démontrer rigoureusement, la première démonstration semble être dûe à Grunbaum (voir ([Gru71]). Nous donnerons ici seulement le principe de cette preuve qui s'appuie sur le lemme suivant :

Lemme 4.2.4 *Soit Ψ une fonction de $C_b(E^{(2)})$ et soit μ et μ^1 des mesures de probabilité sur E on a :*

$$|\int\int \Psi(v,v_*)\mu^1(dv)\mu^1(dv_*) - \int\int \Psi(v,v_*)\mu(dv)\mu(dv_*)|$$
$$\leq 2\sup_v |\langle \mu^1 - \mu, \Psi(v,.)\rangle|$$

Démonstration : Ce lemme découle simplement du fait que ψ est symétrique et de l'identité :

$$\int\int \Psi(v,v_*)\mu^1(dv)\mu^1(dv_*) - \int\int \Psi(v,v_*)\mu(dv)\mu(dv_*) =$$
$$= \int \langle \mu^1 - \mu, \Psi(.,v_*)\rangle\mu^1(dv_*) + \int \langle \mu^1 - \mu, \Psi(v,.)\rangle\mu(dv)$$

$\square$

Démonstration : Nous donnons seulement le schéma de la démonstration. Elle est inspirée de [Wag92]. Soit ϕ une fonction de $C_b(E)$. On peut lui associer une fonction G définie sur $E^{(N)}$ par :

$$G(\mathbf{V}^N) = \langle \overline{\mathbf{V}}^N, \phi\rangle = \frac{1}{N}\sum_{k=1}^N \phi(V_k^N)$$

Utilisons l'équation de Kolmogorov associée au processus de saut $\mathbf{V}_t^N$, on a alors (en raisonnant de manière analogue à ce qui a été fait au chap.2 pour les processus de saut) :

$$\frac{d}{dt}\mathbf{E}(G(\mathbf{V}_t^N)) = \mathbf{E}[\frac{\rho}{N}\sum_{1\le i\ne j\le N}\int_{S^2}d\sigma q(g_{i,j}(\mathbf{V}_t^N))(G((\mathbf{V}_t^N)'_{i,j}) - G(\mathbf{V}_t^N))]$$

Comme on sait que :

$$G((\mathbf{V}^N)'_{i,j}) - G(\mathbf{V}^N) = \frac{1}{N}[\phi((V_i^N)') + \phi((V_j^N)') - \phi(V_i^N) - \phi(V_j^N)]$$

en utilisant les notations naturelles pour les $(._i)'$ et $(._j)'$, on en déduit que pour tout T positif :

$$\mathbf{E}(G(\mathbf{V}_T^N)) = \mathbf{E}(G(\mathbf{V}_0^N))$$
$$+ \int_0^T \mathbf{E}[\frac{\rho}{N^2}\sum_{i\ne j}\int q(g_{i,j}(\mathbf{V}_t^N))(\phi((V_{i,t}^N)') + \phi((V_{j,t}^N)') - \phi(V_{i,t}^N) - \phi(V_{j,t}^N))d\sigma]dt$$

Posons maintenant :

$$\psi_\sigma(v_1, v_2) = [\phi(v_1') + \phi(v_2') - \phi(v_1) - \phi(v_2)]$$

Or on a :

$$\int\int q(v_1, v_2)\psi_\sigma(v_1, v_2)\overline{\mathbf{V}}_t^N(dv_1)\overline{\mathbf{V}}_t^N(dv_2)$$
$$= \frac{1}{N^2}\sum_{i\ne j}q(g_{i,j}(\mathbf{V}_t^N))(\phi((V_{i,t}^N)') + \phi((V_{j,t}^N)') - \phi(V_{i,t}^N) - \phi(V_{j,t}^N))$$

On peut donc écrire :

$$\mathbf{E}(\langle\overline{\mathbf{V}}_T^N, \phi\rangle) = \mathbf{E}(\langle\overline{\mathbf{V}}_0^N, \phi\rangle)$$
$$+ \rho\mathbf{E}[\int_0^T\int\int\int q(v_1 - v_2)\psi_\sigma(v_1, v_2)\overline{\mathbf{V}}_t^N(dv_1)\overline{\mathbf{V}}_t^N(dv_2)d\sigma dt]$$

D'autre part, d'après la formulation faible de l'opérateur de collision (voir (4.3)), on sait que $\hat{f}$ vérifie :

$$\int\hat{f}(T, v)\phi(v)dv = \int\hat{f}(0, v)\phi(v)dv$$
$$+ \rho\int_0^T\int\int\int q(v_1, v_2)\psi_\sigma(v_1, v_2)\hat{f}(t, v_1)\hat{f}(t, v_2)dv_1 dv_2 d\sigma dt$$

Par abus d'écriture, nous noterons $\overline{\mathbf{V}}_t^N - \hat{f}(t)$ la mesure $\overline{\mathbf{V}}_t^N - \hat{f}(t, v)dv$. Notons aussi, pour toute mesure μ sur E :

$$\|\mu\| = \sup_{\phi \in C_b(E)} (|\langle \mu, \phi \rangle|/\|\phi\|)$$

D'après ce qui précède, on voit que :

$$\mathbf{E}(\langle \overline{\mathbf{V}}_T^N - \hat{f}(T), \phi \rangle) =$$

$$\mathbf{E}(\langle \overline{\mathbf{V}}_0^N - \hat{f}(0), \phi \rangle) + \rho \mathbf{E}[\int_0^T \int \int \int q(v_1 - v_2)\psi_\sigma(v_1, v_2) \times$$

$$\times \{\overline{\mathbf{V}}_t^N(dv_1)\overline{\mathbf{V}}_t^N(dv_2) - \hat{f}(t, v_1)\hat{f}(t, v_2)dv_1\,dv_2\}d\sigma dt]$$

Supposons maintenant que q est borné par une constante q_1. En utilisant le lemme précédent, on a :

$$\mathbf{E}(|\langle \overline{\mathbf{V}}_T^N - \hat{f}(T), \phi \rangle|)$$

$$\leq \mathbf{E}(|\langle \overline{\mathbf{V}}_0^N - \hat{f}(0), \phi \rangle|) + 2q_1 \rho \mathbf{E}[\int_0^T \int \sup_v |\langle \overline{\mathbf{V}}_t^N - \hat{f}(t), \psi_\sigma(v, .) \rangle|d\sigma dt$$

Comme on sait que $|\psi_\sigma(v, .)| \leq 4|\phi|$, on en déduit :

$$\mathbf{E}(\|\overline{\mathbf{V}}_T^N - \hat{f}(T)\|) \leq \mathbf{E}(\|\overline{\mathbf{V}}_0^N - \hat{f}(0)\|) + 8q_1 \rho \mathbf{E}[\int_0^T \|\overline{\mathbf{V}}_t^N - \hat{f}(t)\|dt$$

D'après le lemme de Gronwall, on en déduit simplement qu'il existe une constante C telle que pour tout t :

$$\mathbf{E}(\|\overline{\mathbf{V}}_t^N - \hat{f}(t)\|) \leq \mathbf{E}(\|\overline{\mathbf{V}}_0^N - \hat{f}(0)\|)e^{Ct}$$

Comme $\mathbf{V}_0^N$ est chaotique pour $\hat{f}(0, v)dv$, on déduit alors que pour tout $\phi \in C_b(E)$, on a pour $N \to \infty$:

$$\mathbf{E}(|\langle \overline{\mathbf{V}}_t^N - \hat{f}(t), \phi \rangle|) \to 0$$

Bien sûr, dans le cas général où q n'est pas borné, il faut utiliser des majorations plus fines, en particulier il faut introduire une boule de rayon fixé R, majorer la probabilité pour que le processus $\mathbf{V}_t^N$ sorte de la boule; et l'intégrale

$$\mathbf{E}(\int \int q(v_1 - v_2)\psi_\sigma(v_1, v_2)\{\overline{\mathbf{V}}_t^N(dv_1)\overline{\mathbf{V}}_t^N(dv_2) - \hat{f}(t, v_1)\hat{f}(t, v_2)dv_1\,dv_2\})$$

doit alors être coupée en deux parties, l'une pour laquelle $\mathbf{V}_t^N$ est dans la boule, l'autre pour laquelle $\mathbf{V}_t^N$ est en dehors. □

Remarque : En notant :

$$h_N^1(t, v) = \int \int \dots \int h_N(t, v, v_2, v_3, \dots v_N)dv_2 dv_3 \dots dv_N$$

on montre grâce au théorème précédent que, quand $N \to \infty$, on a pour tout t :

$$\int \int \dots \int h_N(t, v, v_*, v_3, \dots v_N) dv_3 dv_4 \dots dv_N - h_N^1(t, v) h_N^1(t, v_*) \to 0,$$

et pour tout t :

$$h_N^1(t, v) \to \hat{f}(t, v).$$

Ce qui permet d'affirmer que la densité marginale h_N^1 de la solution h_N de l'équation maîtresse est bien une approximation la solution de l'équation de Boltzmann à la constante ρ près.

4.2.3 Interprétation en terme de méthode de Monte-Carlo

Le théorème précédent implique que, pour t fixé, si $N \to \infty$, la mesure aléatoire $\overline{V}_t^N = \frac{1}{N} \sum_{i=1}^{N} \delta_{V_{it}^N}$ converge étroitement en moyenne vers la mesure $\hat{f}(t, v) dv$, et donc également que :

$$\frac{\rho}{N} \sum_{i=1}^{N} \delta_{V_{it}^N} \to f(t, v) dv \qquad \text{étroitement en moyenne}$$

Or, une réalisation du processus ρV_t^N correspond à la méthode de Monte-Carlo suivante :

- On génère N particules V_{i0} indépendantes distribuées selon la loi h_0. Chaque particule a un poids égal à $\frac{\rho}{N}$

- Au bout d'un temps qui est une variable aléatoire de type exponentiel de paramètre :

$$\frac{\rho}{N} \sum_{i,j=1}^{N} q(V_{it} - V_{jt})$$

on saute de la façon suivante : avec la probabilité

$$\frac{q(V_{it} - V_{jt})}{\sum_{k,l=1}^{N} q(V_{kt} - V_{lt})}$$

le couple (i, j) est sélectionné et les particules i et j passent des vitesses V_{it}, V_{jt} aux vitesses V_{it}', V_{jt}' définies par (4.2) pour σ équiréparti sur la sphère unité.

– Et on itère le procédé en tirant au hasard un temps de saut qui est une variable aléatoire de type exponentiel de paramètre :

$$\frac{\rho}{N} \sum_{i,j=1}^{N} q(V_{it} - V_{jt})$$

etc . . .

4.3 Les méthodes linéaires et symétriques

Dans cette section, nous allons présenter des compléments à ce qui précède en procédant par analogie avec ce qui est fait pour les équations de transport. En fait, nous introduirons successivement deux types de méthodes : linéaires et symétriques; les méthodes symétriques sont du type de celle qui a été évoquée à la fin du paragraphe précédent. (Dans tous les cas,on opère un splitting, à chaque pas de temps, entre la phase "transport libre" et la phase "collision", ce qui introduit une erreur associée à cette discrétisation temporelle). Le principe de base de la méthode linéaire est d'effectuer une linéarisation de l'opérateur de collision autour de la solution au début du pas de temps. Pour les méthodes symétriques on modifie le traitement des collisions pour qu'il soit conservatif quant à la quantité de mouvement et à l'énergie.

Supposons donc que sur un pas de temps $[0, \Delta t]$ la phase d'advection ait été faite et considérons seulement la phase collision. Ainsi la variable d'espace n'intervient plus, et on doit résoudre l'équation spatialement homogène suivante où f° est la population au début du pas de temps :

$$\begin{aligned}\frac{\partial f}{\partial t} &= Q(f,f) \\ f(0,v) &= f^\circ(v)\end{aligned} \qquad (4.6)$$

Comme $Q(f,f) = S(f,f) - L(f)f$ on peut linéariser l'opérateur Q autour de f° et chercher la valeur à la fin du pas de temps de la solution f de l'équation :

$$\frac{\partial f}{\partial t} + L(f^\circ)\, f = S(f,f^\circ) \qquad (4.7)$$

D'après les propriétés de Q rappelées au début du chapitre ,on sait que :

$$\int [L(f^\circ)f - S(f,f^\circ)]dv = 0$$

Donc on en déduit la conservation de la masse :

$$\int f(v)dv = \int f^\circ(v)dv$$

Mais on n'a pas nécessairement :

$$\int [L(f^\circ)f(v) - S(f,f^\circ)(v)]v\,dv = 0$$

En fait, vu que $f(\Delta t) - f^\circ = 0(\Delta t)$ et que $\int Q(f^\circ, f^\circ)(v)vdv = 0$ on voit que :

$$\left| \int [L(f^\circ)f(\Delta t, v) - S(f(\Delta t), f^\circ)(v)]vdv \right| \leq C\Delta t$$

Donc on a :

$$\left| \int f(\Delta t, v)vdv - \int f^\circ (v)vdv \right| \leq C \Delta t^2$$

De même on aura :

$$\left| \int f(\Delta t, v)v^2dv - \int f^\circ (v) v^2dv \right| \leq C \Delta t^2$$

c'est-à-dire que la méthode de discrétisation temporelle induit à chaque pas de temps une erreur en Δt^2 sur la quantité de mouvement et l'énergie totale. Remarquons que l'erreur cumulée, pendant un intervalle de temps fixé, sur les quantités $\int f(t,v)vdv$ et $\int f(t,v)|v|^2 dv$ tend vers 0, si $\Delta t \to 0$. La linéarisation (4.7) est le principe de base de méthode que nous allons décrire maintenant.

4.3.1 Description rapide de la méthode de Monte-Carlo linéaire

Cette méthode (appelée aussi méthode de Nanbu) a été introduite dans les références [IN87] et [Nan80].

Comme pour les équations de transport, la solution f de l'équation (4.1) est représentée à chaque instant par une somme de masses de Dirac (en espace et en vitesse). Notons (α_i, x_i, v_i) le poids, la position et la vitesse de la particule de numéro i, au début du pas de temps. On utilise une approximation de la solution $f(t, x, v)$ sous la forme :

$$f(t, x, v)dx \; dv \simeq \sum_i \alpha_i \delta_{x_i} \delta_{v_i}$$

- Pour la phase d'advection, les particules sont déplacées en ligne droite avec leurs vitesses du début du pas de temps

- Pour la phase de collision on procède localement dans chaque maille d'espace M (de volume Vol(M)). Notons $\bar{f}(t, v)$ la moyenne en espace de la solution $f(t, x, v)$ dans la maille. Sur le pas de temps considéré, $\bar{f}$ devrait vérifier (4.6). En fait, quitte à faire une erreur en Δt^2, on suppose que $\bar{f}$ vérifie l'équation linéaire (4.7):

Pour une représentation de f° au début du pas de temps, on doit prendre :

$$f^\circ \; dv \simeq \sum_{x_i \in M} a_i \delta_{v_i} \quad \text{avec } a_i = \alpha_i/\text{Vol}(M)$$

Pour simplifier l'écriture supposons dorénavant que $q(w,\mu)$ ne dépend pas de μ. On a alors :

$$L(f^\circ)(v) \simeq \sum_j q(v_j - v)a_j$$

Selon le principe général des méthodes de Monte-Carlo, pour tenir compte de l'opérateur de saut $S(\cdot, f^\circ)$, chaque particule i ayant la vitesse v_i, devrait sauter à un temps qui est une variable aléatoire de type exponentiel de paramètre $L(f^\circ)(v_i)$. En fait, quitte à faire une erreur en $(\Delta t)^2$ on fait sauter la particule i à la fin du pas de temps avec la probabilité

$$L(f^\circ)(v_i) = \sum_j q(v_j - v_i)a_j$$

Ceci, à condition bien sûr que :

$$\Delta t \sup [L(f^\circ)(v_i)] \le 1$$

La loi de probabilité du saut après celui ci est :

$$\pi(A) = S^* 1_A(v_i)/S^* 1(v_i)$$

où S^* désigne l'opérateur dual de $S(\cdot, f^\circ)$ et 1_A l'indicatrice d'un ensemble A. On peut vérifier que :

$$S^* 1_A(v_i) = \sum_j q(v_j - v_i)a_j mes\{\omega \in S^2 / \frac{1}{2}(v_i + v_j) + \frac{1}{2}\omega|v_i - v_j| \in A\}$$

Algorithme numérique :

On fait tout d'abord une copie de toutes les particules. Pour chaque particule i, la probabilité que sa vitesse v_i soit modifiée est :

$$p_i = \Delta t \sum_j q(v_j - v_i)\, a_j \qquad (4.8)$$

Puis avec la probabilité $\dfrac{q(v_j - v_i)\, a_j}{\sum_j q(v_j - v_i)\, a_j}$ la vitesse saute sur la sphère de diamètre (v_i, v_j) et la répartition de la nouvelle vitesse v_i' est uniforme sur la sphère.

En utilisant la technique du "choc fictif" on peut modifier le schéma ci-dessus. Notons q_* un majorant de $q(v_i - v_j)$ pour les particules de la maille; a_* un majorant du poids des particules de la maille; N le nombre de particules dans la maille considérée; $a_* = \alpha_*/Vol(M)$.

Algorithme numérique modifié :

Pour chaque particule, la probabilité que sa vitesse v_i soit modifiée éventuellement pendant l'intervalle de longueur Δt est :

$$p_* = \Delta t (N-1) q_* a_*.$$

Pour chaque particule i, on choisit un partenaire j tiré au sort uniformément sur :

$$\{1, 2, \ldots, i, i+1, \ldots N\},$$

Puis, avec la probabilité :

$$\frac{q(v_j - v_i) a_j}{q_* a_*},$$

on modifie la vitesse en sautant uniformément sur la sphère de diamètre $\{v_j, v_i\}$; et avec la probabilité :

$$1 - \frac{q(v_j - v_i) a_j}{q_* a_*},$$

on ne modifie pas la vitesse.

Pour cela, le critère que doit vérifier Δt (indépendamment des questions de précision) est le suivant :

$$\Delta t (N-1) q_* \, a_* \leq 1 \qquad (4.9)$$

L'avantage de la technique du choc fictif est très important du point de vue du temps de calcul, car on ne calcule la quantité $q(v_j - v_i)$ que pour les couples de particules (i, j) qui sont éventuellement partenaires.

Caractéristiques de la méthode

- On peut utiliser des particules de poids différents.

- On a conservation de la masse.

- On n'a pas nécessairement conservation de la quantité de mouvement ni de l'énergie totale.

Si l'on veut des résultats précis, il convient donc d'effectuer une correction qui est délicate et sans justification rigoureuse.

4.3.2 Description des méthodes de type Monte-Carlo symétrique

Ces méthodes sont présentées dans de très nombreuses références. La très classique méthode de Bird dite "sans compteur de temps" (voir [Bir76]) est la plus connue. Voir également [Bab86] et [GNS90].

Le principe de base de ce type de méthodes est le suivant.

Grâce à la formule (4.8) on voit que la probabilité pour que la particule i "collisionne" avec la particule j est :

$$\Delta t q(v_j - v_i)a_i$$

donc si tous les a_i sont égaux à a, on voit que la probabilité pour que i collisionne avec j est identique à la probabilité pour que j collisionne avec i et vaut :

$$p_{ij} = aq(v_i - v_j)\Delta t$$

On fait désormais dans le cadre de ce paragraphe l'hypothèse que *toutes les particules ont même poids a*.

En utilisant la technique du "choc fictif", la probabilité pour que 2 particules i et j soient soumises à une "collision éventuelle" (en abrégé C.E.) est donnée par :

$$z = aq_*\Delta t = \alpha q_*\Delta t/\text{Vol}(M)$$

Ici, encore il est indispensable d'avoir un pas de temps suffisamment petit, c'est-à-dire que dans chaque maille on ait :

$$\Delta t(N-1)aq_* \leq 1 \tag{4.10}$$

Algorithme numérique   Tout d'abord on doit sélectionner un ensemble de couples de particules (i, j) (avec $i = j$) qui seront soumises à une C.E. de telle sorte que :

(i) une particule ne peut être sélectionnée plus d'une fois,

(ii) la probabilité qu'un couple (i, j) soit sélectionné est z

Ainsi la probabilité qu'une particule soit sélectionnée est $(N-1)z$. Donc l'espérance du nombre de particules sélectionnées est $(N(N-1)/2)z$.

Puis pour chaque couple (i, j) de particules on opère de la façon suivante :

- avec la probabilité $q(v_i - v_j)/q_*$ les 2 particules ont leurs vitesses modifiées, elles sont tirées au sort uniformément sur la sphère de diamètre $\{v_i, v_j\}$ plus précisément les nouvelles vitesses sont données par les formules (4.2) avec σ uniformément réparti sur S^2.

- avec la probabilité $1 - q(v_i - v_j)/q_*$ les particules n'ont pas leurs vitesses modifiées.

Les diverses méthodes se différencient par la façon de sélectionner les couples (i, j) vérifiant i) et ii).

Dans la méthode de Neunzert-Babovsky ([IN87]), on commence par prendre $q* = \dfrac{1}{(N-1)a\Delta t}$ et on fait subir une permutation aléatoire à la liste $\{1, 2, \ldots, N\}$; puis on fait subir une C.E. aux couples de particules dont les numéros après permutation sont voisins. L'inconvénient de cette technique est d'utiliser un majorant important des $q(v_i - v_j)$ et d'avoir à tester sur tous les couples sélectionnés l'éventualité d'une collision.

Dans la méthode de Bird ([Bir76]) dans chaque maille on choisit successivement p couples de particules de telle sorte que

$$2E[p] = zN(N-1)/2$$

Puis on opère comme il est indiqué ci-dessus pour chaque couple de particules sélectionné.

Caractéristiques des méthodes de Monte-Carlo symétriques :

- On a conservation de la quantité de mouvement et de l'énergie cinétique globale (si on ne tient pas compte des conditions aux limites).

- En revanche, on a une contrainte numérique : les particules doivent avoir toutes le même poids.

Dans la plupart des problèmes on cherche une solution stationnaire en temps, alors la solution évolue peu d'un pas de temps à l'autre. Concrètement on évalue donc un majorant q_* de $q(v_i - v_j)$ dans chaque maille de façon à n'avoir pas un majorant q_* trop grand et, comme cette opération peut être relativement coûteuse, on ne l'effectue pas à tous les pas de temps mais une fois de temps en temps (jusqu'à ce que le critère $q(v_i - v_j) \leq q_*$ soit violé).

4.4 Mise en oeuvre des méthodes symétriques

Dans la plupart des applications, les densités peuvent varier d'au moins un facteur 20 entre différentes régions de l'espace, c'est pourquoi le fait d'imposer que toutes les particules ont le même poids aurait de graves inconvénients :

Si on veut mettre un nombre suffisamment important de particules dans les mailles peu denses (15 particules constituent souvent un minimum si on veut ne pas avoir trop de fluctuations), on est conduit à avoir éventuellement un nombre prohibitif de particules dans les mailles les plus denses.

Concrètement on impose que les particules aient un poids constant par zone, qui s'appellera coefficient de représentativité de la zone. Pour cela on découpe le domaine en zones qui ont un comportement physique semblable, et on opère de la façon suivante :

- Dans chaque zone on évalue un coefficient de représentativité en demandant :

  - qu'il soit un multiple ou sous multiple d'un coefficient de base
  - qu'il soit tel que l'on ait entre 20 et 30 particules par maille

- Quand une particule franchit une interface entre deux zones on ajuste son poids au nouveau coefficient de représentativité par une technique de roulette russe ou de splitting.

L'efficacité d'une méthode de Monte-Carlo pour Boltzmann dépendra de son niveau de vectorisation. Pour la partie advection (qui consiste en une simple trajectographie des particules), c'est la même technique que celle utilisée pour le transport, sachant que la mise en oeuvre sera plus simple car il n'y a pas de collision en vol. Pour la partie collision il convient bien sûr de ne pas vectoriser sur les particules ou les collisions qui se trouvent à l'intérieur d'une maille car leur nombre est trop fable, mais il faut d'abord sélectionner les couples de particules qui collisionnent, puis en faire une liste globale (sur l'ensemble du maillage ou par zone) et opérer l'algorithme de collisions sur cette liste de couples.

Si l'on doit utiliser une machine à architecture parallèle avec mémoire distribuée, une bonne stratégie pourra être de distribuer les processeurs selon les sous domaines du maillage. Cela a été effectué dans la référence [Alo93].

4.5   Limites des méthodes de Monte-Carlo

De même que pour l'équation du transport, il y a des limites à l'efficacité des méthodes de Monte-Carlo pour des raisons profondes qui sont du même type que précédemment. Remarquons que le milieu est physiquement très collisionnel si pour un temps caractéristique Δt on a :

$$Lf(x, \bar{v})\Delta t \geq 1$$

donc une maille de diamètre Δx sera appelée "très collisionnelle" si :

$$\bar{v}Lf(x, \bar{v})^{-1} \leq \Delta x \tag{4.11}$$

(en notant $\bar{v}$ une vitesse moyenne dans la maille).

On voit donc que, si une maille est très collisionnelle, le critère (4.10) ne pourra pas être satisfait pour un pas de temps raisonnable (de l'ordre de grandeur de $\bar{v}\Delta x$) . On en conclut que, si on veut pouvoir mettre en oeuvre de façon efficace une méthode de Monte-Carlo, il faut adapter la taille des mailles au libre parcours moyen de telle sorte que l'on ne soit pas dans le cas (4.11).

Physiquement, cela s'interprète facilement. En effet, lorsque le milieu est très collisionnel, on sait que la solution de l'équation de Boltzmann est en fait une Maxwellienne dont les caractéristiques (densité, vitesse et température) sont solution des équations d'Euler (résultat bien connu sous le nom d'approximation de Hilbert); pour une présentation récente voir par exemple [Caf80]). Notons cependant que, de la même que pour les équations de transport linéaires, on peut utiliser des pas temps qui violent le critère (4.10) en adaptant la technique de collisions (voir [DP95]).

4.6 Commentaires bibliographiques

La difficulté inhérente à l'équation de Boltzmann vient du fait que l'opérateur de collision $Q(f,f)$ est totalement non local par rapport à la variable de vitesse, mais purement local par rapport à la variable spatiale. C'est pourquoi le concept de solution pour cette équation doit faire l'objet d'une grande attention. Les solutions introduites dans la proposition (4.1.3) sont appelées "renormalisées"; l'introduction de ce concept permet d'intégrer proprement l'équation sur des trajectoires.(Un autre outil utilisé dans la preuve de ce résultat d'existence de solution pour Boltzmann est la compacité par moyennisation qui permet d'obtenir de la compacité pour la moyenne en vitesse $\int f(v)dv$ de la solution f)

Dans la lignée de [Kac56], [Gru71], [Szn84] (et de ce qui a été présenté dans ce chapitre sur la propagation du chaos), les justifications théoriques de l'approximation de l'équation de Boltzmann par une équation maîtresse complète (avec dépendance par rapport à la variable spatiale) ont fait l'objet d'une littérature très abondante (cf [Wag92], [IN87], [Bab86], [IR88]); cette approximation dite de Boltzmann-Grad est le fondement de la théorie de la hiérarchie BBGKY (Bogolyubov, Born, Green, Kirkwood, Yvon) qui fait le lien entre les équations décrivant le mouvement de N particules et les équations cinétiques du type Boltzmann (voir [ClPag] par exemple). Ainsi, dans [GM95], [Szn84], on donne une interprétation probabiliste de la solution de l'équation où l'opérateur de collision a été "régularisé" par rapport à la variable d'espace (dans ce cas l'existence de la solution est connue depuis longtemps [Mor55])

En fait, nous n'avons envisagé ici que le modèle le plus simple d'équations de Boltzmann : un seul type de particules sans énergie interne. Souvent, on doit faire appel à des modèles plus complexes où l'on prend en compte l'énergie interne des particules ou plusieurs types de particules par exemple. Afin de prendre en compte ces modèles, il convient tout d'abord d'écrire correctement l'opérateur de collision (pour l'énergie interne, voir [BDTP94] et pour plusieurs types de particules, voir [SD]), puis de généraliser ce qui a été présenté ci-dessus; voir notamment [BL75] qui est à l'origine de la simulation numérique des modèles avec énergie interne. On trouvera dans [Bir76] de nombreuses adaptations des méthodes symétriques à des modèles variés.

Avec les équations de Boltzmann, nous avons un exemple non linéaire où les méthodes de Monte-Carlo s'appliquent très bien et ont obtenu un grand succès grâce à leur souplesse et à leur possibilité d'adaptation aux différents modèles possibles, même si la justification théorique des méthodes utilisées est parfois délicate.

Chapitre 5

Méthode de Monte-Carlo pour les équations de diffusion

Dans ce chapitre, nous allons tout d'abord donner l'interprétation probabiliste de l'équation de la chaleur grâce au mouvement brownien. Celui-ci joue un rôle comparable aux courbes caractéristiques qui permettent d'expliciter la solution d'une équation d'advection du type :

$$\frac{\partial u}{\partial t} + \frac{\partial}{\partial x}(bu) = 0,$$

b étant une fonction de x. Nous montrons ensuite que les résultats obtenus pour le laplacien peuvent être généralisés aux opérateurs du second ordre à coefficients variables, le mouvement brownien étant, dans ce cas, remplacé par un processus de diffusion. Puis nous décrivons les grandes lignes des algorithmes de Monte-Carlo utiles pour résoudre numériquement des équations paraboliques et elliptiques.

Pour ces équations, les méthodes de Monte-Carlo ne sont utilisées de préférence aux méthodes classiques de différences finies, d'éléments finis ou de volumes finis que dans des situations spécifiques. Ainsi, si on veut résoudre un problème en dimension élevée (par exemple supérieure à 4), les méthodes classiques conduisent à l'inversion de systèmes linéaires d'une taille telle qu'elles deviennent impraticables, et les méthodes de Monte-Carlo sont souvent utilisées. De même, les méthodes de Monte-Carlo sont souvent préférables lorsque l'on cherche les valeurs de la solution en certains points du domaine de calcul seulement : le cas des calculs de prix d'options en finance est typique puisque l'on ne s'intéresse qu'à une ou à quelques valeurs des prix. Les méthodes de Monte-Carlo se révèlent enfin utiles lorsque l'on cherche la solution d'une équation de diffusion dégénérée (c'est-à-dire avec un coefficient de diffusion qui s'annule ou lorsque l'opérateur de diffusion est une petite perturbation d'un opérateur d'advection).

5.1 Mouvement brownien et équations aux dérivées partielles

5.1.1 Le mouvement brownien

Définition 5.1.1 On appelle *mouvement brownien* un processus $(B(t), t \geq 0)$ à valeurs réelles qui est :

(i) à trajectoires continues, c'est à dire que pour presque tout ω, la fonction $t \to B(t, \omega)$ est une fonction continue,

(ii) gaussien centré; ce qui signifie que pour tout n entier, et pour tout $0 \leq t_1 < \cdots < t_n$, le vecteur $(B(t_1), \ldots, B(t_n))$ est un vecteur aléatoire gaussien d'espérance nulle,

(iii) de covariance définie par :

$$\mathbf{E}[B(t)B(s)] = \inf(t, s), s, t \geq 0.$$

Il résulte de (iii) que $B(0) = 0$ presque sûrement et de (ii) et (iii) que le mouvement brownien est *à accroissements indépendants*, i.e. que pour tout n entier, et $0 < t_1 < t_2 < \cdots < t_n$, les variables aléatoires $B(t_1), B(t_2) - B(t_1), \ldots, B(t_n) - B(t_{n-1})$ sont indépendantes.

On définit de la même façon un mouvement brownien à valeurs dans $\mathbf{R}^p$ en remplaçant (ii) par :

$$\mathbf{E}[B(t)B(s)^*] = \inf(t, s)I, \tag{5.1}$$

où $B(t)B(s)^*$ désigne la matrice $p \times p$ de terme général $B_i(t)B_j(s)$, et I la matrice identité.

On vérifie que $(B(t), t \geq 0)$ est un mouvement brownien p-dimensionnel si et seulement si ses coordonnées $(B_1(t), t \geq 0), (B_2(t), t \geq 0), \ldots (B_p(t), t \geq 0)$ sont des mouvements browniens scalaires indépendants.

Remarque : On peut construire le mouvement brownien comme limite de marches aléatoires. Soit $(X_n, n \geq 1)$ une suite de vecteurs aléatoires de dimension p indépendants, de loi commune définie par :

$$\mathbf{P}(X_n = \pm\sqrt{p}e_i) = (2p)^{-1}, \quad 1 \leq i \leq p,$$

où $(e_1, \ldots, e_p)$ désigne une base orthonormée de $\mathbf{R}^p$. On pose :

$$S_n = X_1 + \cdots + X_n.$$

Le théorème classique de la limite centrale nous dit que $S_n/\sqrt{n} \to X$ en loi, où X est un vecteur gaussien centré de matrice de variances-covariances I. Le théorème de Donsker étend ce résultat et affirme que la loi de $(S_{[nt]}/\sqrt{n}, t \geq 0)$ converge vers celle de $(B(t), t \geq 0)$, où B est un mouvement brownien de dimension p.

Que signifie cette convergence en loi ? Définissons :

$$X_n(t) = \frac{1}{\sqrt{n}} \sum_{k=0}^{\infty} \left[\left(t - \frac{k}{n} \right) S_{k+1} + \left(\frac{k+1}{n} - t \right) S_k \right] 1_{[\frac{k}{n}, \frac{k+1}{n}[}(t)$$

et désignons par $\mathbf{P}_n$ la loi de $(X_n(t), t \geq 0)$ sur l'espace des fonctions continues $C(\mathbf{R}_+; \mathbf{R}^p)$. Alors $\mathbf{P}_n$ converge étroitement (i.e. au sens de la dualité avec les fonctionnelles continues bornées sur $C(\mathbf{R}_+; \mathbf{R}^p)$, cet ensemble étant muni de la topologie de la convergence uniforme sur les compacts) vers la loi de probabilité du mouvement brownien.

Les quelques considérations qui précèdent montrent au lecteur que le mouvement brownien est un modèle limite (ou une "idéalisation mathématique") pour de nombreux phénomènes physiques.

A tout processus $(B(t), t \geq 0)$ à valeurs dans $\mathbf{R}^p$, nous associerons pour tout $t \geq 0$, la tribu $\mathcal{F}_t^0 = \sigma(B(s); 0 \leq s \leq t)$, la plus petite sous-tribu de $\mathcal{A}$ rendant mesurables les applications $\omega \to B(s, \omega)$ pour $0 \leq s \leq t$. Pour des raisons techniques nous appellerons *filtration naturelle du processus* la suite croissante des tribus $(\mathcal{F}_t, t \geq 0)$, $\mathcal{F}_t$ étant la tribu engendrée par les ensembles de $\mathcal{F}_t^0$ et ceux de probabilité nulle de la tribu $\mathcal{A}$[1].

Notons que le mouvement brownien possède deux propriétés mathématiques qui le rendent particulièrement intéressant. Comme il est à accroissements indépendants, c'est un *processus de Markov*. En effet, si $0 < s < t$ et si A est un ensemble mesurable de $\mathbf{R}^p$, comme le mouvement brownien est à accroissements indépendants stationnaires :

$$\begin{aligned} \mathbf{P}(B(s+t) - B(s) \in A/\mathcal{F}_s) &= \mathbf{P}(B(t) \in A) \\ &= \frac{1}{(\sqrt{2\pi t})^p} \int_A \exp\left(-\frac{|x|^2}{2t} \right) dx. \end{aligned}$$

Rappelons alors le lemme suivant.

Lemme 5.1.2 *Soit X et Y deux vecteurs aléatoires de dimension p, $\mathcal{F}$ une sous-tribu de $\mathcal{A}$. Si Y est $\mathcal{F}$-mesurable et X est indépendant de $\mathcal{F}$, alors pour*

---

1. Avec cette définition de $\mathcal{F}_t$ on est en mesure d'affirmer que si X et Y sont telles que $X = Y$ **P** p.s., si X est $\mathcal{F}_t$-mesurable alors Y est aussi $\mathcal{F}_t$-mesurable. Cette propriété est, bien sûr, intuitive et souhaitable. Nous supposerons dans la suite que toutes les tribus des filtrations considérées contiennent les ensembles de probabilité nulle.

toute fonction mesurable ϕ de $\mathbf{R}^{2p}$ dans $\mathbf{R}_+$:

$$\begin{aligned}
\mathbf{E}[\phi(X,Y)/\mathcal{F}] &= \int \phi(x,Y)\mathbf{P}_X(dx) \\
&= \mathbf{E}[\phi(X,Y)/Y].
\end{aligned}$$

Démonstration : Le résultat est clair lorsque $\phi(x,y)$ est de la forme $g(x) \times h(y)$ donc aussi une somme finie de telles fonctions, le cas général s'en déduit par passage à la limite. $\qquad\Box$

Grâce à ce lemme on peut alors obtenir :

$$\begin{aligned}
\mathbf{P}(B(t) \in A/\mathcal{F}_s) &= \mathbf{P}(B(t) - B(s) + B(s) \in A/\mathcal{F}_s) \\
&= \frac{1}{\sqrt{2\pi(t-s)}} \int_A \exp\left(-\frac{|x - B(s)|^2}{2(t-s)}\right) dx \\
&= \mathbf{P}(B(t) \in A/B(s)).
\end{aligned}$$

Ceci est une des façons d'exprimer que le processus B est markovien.

De plus $(B(t), t \geq 0)$ est un *processus de Markov fort* au sens que nous allons définir. Pour cela nous aurons besoin de la notion de *temps d'arrêt :*

Définition 5.1.3 On appelle *temps d'arrêt* une variable aléatoire S à valeurs dans $\mathbf{R}_+$ qui vérifie $\{S \leq t\} \in \mathcal{F}_t$ pour tout $t \geq 0$.

Cette condition signifie qu'au vu de la trajectoire $(B(s), 0 \leq s \leq t)$ on sait si l'événement $\{S \leq t\}$ est ou non réalisé : on ne prend la décision de s'arrêter en t que sur l'observation de la trajectoire du processus jusqu'à l'instant t.

Appelons $\mathcal{F}_S$ la tribu des événements antérieurs à l'instant aléatoire S, $\mathcal{F}_S = \sigma(B(t \wedge S), t \geq 0,)$, la *propriété de Markov forte* peut s'exprimer sous la forme suivante :

Proposition 5.1.4 *Soit A un ensemble mesurable de $\mathbf{R}^p$, soit S temps d'arrêt et $t \geq 0$:*

$$\mathbf{P}(B(S + t) - B(S) \in A/\mathcal{F}_S) = \mathbf{P}(B(t) \in A).$$

Remarque : Nous renvoyons à [KS88] ou à [RY91] pour une démonstration.

On peut déduire de la proposition précédente que le processus $(B(S + t) - B(S), t \geq 0)$ a la même loi qu'un mouvement brownien issu de 0 et que ce mouvement brownien est indépendant de $\mathcal{F}_S$.

Comme dans le cas où S est déterministe, on peut établir que :

$$\mathbf{P}(B(S + t) \in A/\mathcal{F}_S) = \mathbf{P}(B(S + t) \in A/B(S)).$$

Ce résultat étend la propriété de Markov à des temps aléatoires et porte le nom de *propriété de Markov forte*.

L'autre propriété fondamentale du mouvement brownien est d'être une *martingale*. Rappelons, tout d'abord, la définition de la notion de martingale.

Définition 5.1.5 Un processus $(M(t), t \geq 0)$ est une martingale par rapport à une filtration $(\mathcal{F}_t, t \geq 0)$, si, pour tout $t \geq 0$, $M(t)$ est $\mathcal{F}_t$-mesurable et $\mathbf{E}(|M(t)|) < +\infty$, et si l'on a pour tout t, s tel que $0 \leq s \leq t$:

$$\mathbf{E}(M(t)|\mathcal{F}_s) = M(s).$$

Il est facile de vérifier qu'un mouvement brownien est une martingale, En effet, comme $B(t) - B(s)$ est indépendante de $\mathcal{F}_s$ et centrée :

$$\mathbf{E}(B(t) - B(s)/\mathcal{F}_s) = \mathbf{E}(B(t) - B(s))$$
$$= 0.$$

Ce qui se réécrit $\mathbf{E}(B(t)/\mathcal{F}_s) = B(s)$.

5.1.2 Mouvement brownien et équation de la chaleur

Dans le cas du mouvement brownien, il est facile d'établir les équations de type Kolmogorov et Fokker-Planck associées. Par définition d'un mouvement brownien, la densité de la loi de $x + B(t)$ est celle d'une loi gaussienne centrée en x et de matrice de variances-covariances tI, qui vaut au point $y \in \mathbf{R}^p$:

$$G_t(x,y) = (2\pi t)^{-p/2} \exp\left(-|x-y|^2/2t\right).$$

Un calcul direct montre que $G_t(x,y)$ vérifie :

$$\frac{\partial G_t}{\partial t}(x,y) = \frac{1}{2}\Delta_y G_t(x,y),$$
$$\frac{\partial G_t}{\partial t}(x,y) = \frac{1}{2}\Delta_x G_t(x,y).$$

Si maintenant $g \in C_b(\mathbf{R}^p)$, posons :

$$u(t,x) = \mathbf{E}(g(x + B(t))).$$

On a donc, $u(t,x) = \int_{\mathbf{R}^p} g(y)G_t(x,y)dy$. On peut alors montrer, en justifiant les dérivations sous le signe somme par le théorème de Lebesgue, que :

$$\frac{\partial u(t,x)}{\partial t} - \frac{1}{2}\Delta_x u(t,x) = \int_{\mathbf{R}^p} g(y)\left(\frac{\partial G_t}{\partial t}(x,y) - \frac{1}{2}\Delta_x G_t(x,y)\right) dy = 0.$$

On vient ainsi d'établir que u satisfait une *équation de Kolmogorov* :

$$\begin{cases} \frac{\partial u}{\partial t}(t,x) = \frac{1}{2}(\Delta u)(t,x), t > 0, x \in \mathbf{R}^p; \\ u(0,x) = g(x), x \in \mathbf{R}^p. \end{cases}$$

Maintenant supposons que l'on s'intéresse à la loi de $X(t) = X(0) + B(t)$, où $X(0)$ est un vecteur aléatoire de dimension p de loi μ_0, indépendant de $(B(t), t \geq 0)$. Il est alors clair que pour tout $t \geq 0$, la loi de $X(t)$ admet une densité $p_t(x)$ par rapport à la mesure de Lebesgue et que cette densité est donnée par :

$$p_t(x) = \int_{\mathbf{R}^p} G_t(x, y) \mu_0(dy).$$

En dérivant sous le signe somme, on en déduit que la collection de densités de probabilité $\{p_t(\cdot), t > 0\}$ satisfait l'*équation de Fokker-Planck* :

$$\begin{cases} \dfrac{\partial p_t(x)}{\partial t} & = & \frac{1}{2}(\Delta p_t)(x), t > 0, x \in \mathbf{R}^p; \\ p_t(\cdot) & \to & \mu_0, t \downarrow 0. \end{cases}$$

Le lien avec les problèmes de type elliptique est plus délicat, il découle de la propriété de Markov forte. Nous l'établirons un peu plus tard après avoir construit l'intégrale stochastique pour le mouvement brownien.

5.1.3   Intégrale stochastique d'Itô

Nous avons vu que les trajectoires du mouvement brownien sont continues. Mais elles sont très irrégulières (ce n'est pas étonnant, puisque ses accroissements sont des variables aléatoires indépendantes), en particulier elles ne sont ni dérivables, ni à variations finies. En fait le mouvement brownien a une variation quadratique non nulle.

Proposition 5.1.6 *Soit $(B(t), t \geq 0)$ un mouvement brownien à valeurs dans $\mathbf{R}^p$. Pour tout $t > 0$ et toute suite de subdivisions $0 = t_0^n < t_1^n < \cdots < t_n^n = t$ dont le pas $\sup_{i \leq n}(t_i^n - t_{i-1}^n)$ tend vers zéro quand n tend vers l'infini :*

$$\sum_{i=1}^{n} |B(t_i^n) - B(t_{i-1}^n)|^2 \to p \times t,$$

en moyenne quadratique, quand $n \to \infty$.

Démonstration :   Contentons nous de traiter le cas $p = 1$. Les variables aléatoires $(B(t_i^n) - B(t_{i-1}^n))^2$, $i = 1, 2, \ldots, n$, étant indépendantes :

$$\mathrm{Var}\left[\sum_{i=1}^{n}(B(t_i^n) - B(t_{i-1}^n))^2\right] = \sum_{i=1}^{n} \mathrm{Var}\left[(B((t_i^n) - B(t_{i-1}^n))^2\right]$$

$$= 2\sum_{i=1}^{n}\left(t_i^n - t_{i-1}^n\right)^2.$$

Cette variance tend donc vers 0 lorsque n tend vers l'infini. Comme, de plus, $\mathbf{E}\left(\sum_{i=1}^{n}(B(t_i^n) - B(t_{i-1}^n))^2\right) = t$ le résultat est démontré. $\Box$

Remarque : On peut prouver qu'une fonction continue f à variation finie est forcément à variation quadratique nulle. Pour cela il suffit de noter que :

$$\sum_{i=1}^{n}(f(t_i^n) - f(t_{i-1}^n))^2 \le \sup_{i=1,\dots,n} \left|f(t_i^n) - f(t_{i-1}^n)\right| \sum_{i=1}^{n} \left|f(t_i^n) - f(t_{i-1}^n)\right|,$$

comme la fonction $(f(s), \le s \le t)$ est uniformément continue le résultat s'en déduit.

La proposition et la remarque précédente prouvent que les trajectoires du mouvement brownien ne sont presque sûrement pas à variation finie. On voit donc qu'une intégrale du type :

$$\int_0^t \phi(s)dB(s)$$

ne peut pas se définir comme une intégrale de Stieltjes. Cependant, on peut remarquer que si $(\phi(t), t \ge 0)$ est une fonction déterministe prenant ses valeurs dans $\mathbf{R}$, en escalier et à support compact, de la forme :

$$\phi(t) = \sum_{i=1}^{n} \phi_i \mathbf{1}_{]t_{i-1},t_i]}(t),$$

avec n entier, $0 = t_0 < t_1 < \cdots < t_n$:

$$\mathbf{E}\left(\sum_{i=1}^{n} \phi_i(B(t_i) - B(t_{i-1}))\right) = \sum_{i=1}^{n} \mathbf{E}\left(\phi_i(B(t_i) - B(t_{i-1}))\right)$$

$$= \sum_{i=1}^{n} \phi_i \mathbf{E}\left(B(t_i) - B(t_{i-1})\right)$$

$$= 0.$$

De plus :

$$\mathbf{E}\left(\left|\sum_{i=1}^{n} \phi_i(B(t_i) - B(t_{i-1}))\right|^2\right) = \mathrm{Var}\left(\sum_{i=1}^{n} \phi_i(B(t_i) - B(t_{i-1}))\right)$$

$$= \sum_{i=1}^{n} \phi_i^2(t_{i+i} - t_i)$$

$$= \int_0^{\infty} \phi(t)^2 dt.$$

Il est facile alors de voir que l'application :

$$\phi \to \int_0^\infty \phi(t)dB(t),$$

définie pour les ϕ en escalier de la forme ci-dessus par :

$$\int_0^\infty \phi(t)dB(t) := \sum_{i=1}^n \phi_i(B(t_i) - B(t_{i-1}))$$

s'étend en une application linéaire isométrique de $L^2(\mathbf{R}_+)$ dans $L^2(\Omega)$. Nous venons de définir l'*intégrale de Wiener* d'une fonction déterministe de $L^2(\mathbf{R}_+)$ par rapport au mouvement brownien. Nous allons voir que l'on peut construire une intégrale pour une large classe de processus aléatoires. Cette intégrale porte le nom d'intégrale d'Itô et nous allons donner les grandes lignes de sa construction. Nous renvoyons à [KS88] pour une construction détaillée.

Construction de l'intégrale d'Itô   La définition de l'*intégrale d'Itô* d'un processus aléatoire non-anticipatif $(\phi(t), t \geq 0)$ est analogue à celle de l'intégrale de Wiener. Techniquement, nous allons supposer que le processus ϕ est *adapté* à la filtration $(\mathcal{F}_t, t \geq 0)$[2], c'est-à-dire que pour tout $t \geq 0$, ϕ_t est $\mathcal{F}_t$-mesurable. On dit aussi que le processus ϕ est *non anticipatif* (il n'anticipe pas sur les accroissements futurs du mouvement brownien).

Nous supposons, pour commencer, que le processus ϕ prend ses valeurs dans $\mathbf{R}$ et que $(B(t), t \geq 0)$ est un mouvement brownien réel. On notera $\mathbf{M}^2$:

$$\mathbf{M}^2 = \left\{ (\phi(s), s \geq 0) \text{ adapté à } \mathcal{F}_t \text{ et tel que } \mathbf{E}\left(\int_0^{+\infty} |\phi(s)|^2 \, ds \right) < +\infty \right\}.$$

Les calculs faits ci-dessus avec ϕ déterministe s'étendent au cas $\phi \in \mathbf{M}^2$. Pour cela, nous dirons qu'un processus ϕ est un *processus élémentaire* si :

$$\phi(t, \omega) = \sum_{i=1}^n \phi_i(\omega) \mathbf{1}_{]t_{i-1}, t_i]}(t),$$

où $0 = t_0 < t_1 < \ldots < t_n$ et les variables aléatoires ϕ_i sont $\mathcal{F}_{t_{i-1}}$-mesurables et bornées. On commence par définir l'intégrale stochastique d'un processus élémentaire ϕ par :

$$\int_0^{+\infty} \phi(s)dB(s) = \sum_{i=1}^n \phi_i \left(B(t_i) - B(t_{i-1}) \right).$$

---

2. On pourrait remplacer la filtration $(\mathcal{F}_t, t \geq 0)$ par une filtration plus fine. C'est à dire telle que, pour tout $t \geq 0$, $\mathcal{F}_t \subset \mathcal{G}_t$. $(\mathcal{G}_t, t \geq 0)$, pourvu que pour tout t, $(B(t+s)-B(t), s \geq 0)$ soit indépendant de $\mathcal{G}_t$. On dit dans ce cas que $(B(t), t \geq 0)$ est un $\mathcal{G}_t$-mouvement brownien. C'est cette propriété qui est cruciale dans la construction de l'intégrale stochastique qui suit. Nous supposerons donc à partir de maintenant que B est un $\mathcal{F}_t$-mouvement brownien.

On peut alors prouver que :

$$\mathbf{E}\left(\int_0^{+\infty}\phi(s)dB(s)\right) = \mathbf{E}\left(\sum_{i=1}^n \phi_i\left(B(t_i)-B(t_{i-1})\right)\right)$$

$$= \mathbf{E}\left(\sum_{i=1}^n \phi_i\mathbf{E}\left(B(t_i)-B(t_{i-1})|\mathcal{F}_{t_{i-1}}\right)\right).$$

Comme le mouvement brownien a des accroissements indépendants et centrés, on a :

$$\mathbf{E}\left(B(t_i)-B(t_{i-1})|\mathcal{F}_{t_{i-1}}\right) = \mathbf{E}\left(B(t_i)-B(t_{i-1})\right) = 0,$$

et donc $\mathbf{E}\left(\int_0^T \phi(s)dB(s)\right) = 0$. De plus notons que si $\phi = \sum_{i=1}^n \phi_i\mathbf{1}_{]t_{i-1},t_i]}$ est un processus élémentaire on a, pour $i < j$:

$$\mathbf{E}\left[\phi_i(B(t_i)-B(t_{i-1}))\phi_j(B(t_j)-B(t_{j-1}))\right] = 0,$$

car la variable aléatoire $B(t_j) - B(t_{j-1})$ est centrée et indépendante de $\phi_i(B(t_i)-B(t_{i-1}))\phi_j$ qui est $\mathcal{F}_{t_{j-1}}$ mesurable. Ceci permet de prouver, pour un processus élémentaire que :

$$\mathbf{E}\left(\left|\int_0^\infty \phi(t)dB(t)\right|^2\right) = \sum_{i=1}^n\sum_{j=1}^n \mathbf{E}\left(\phi_i\phi_j\left(B(t_i)-B(t_{i-1})\right)\left(B(t_j)-B(t_{j-1})\right)\right)$$

$$= \sum_{i=1}^n \mathbf{E}\left(\phi_i^2\left(B(t_i)-B(t_{i-1})\right)^2\right)$$

$$= \sum_{i=1}^n \mathbf{E}\left(\phi_i^2\mathbf{E}\left(B(t_i)-B(t_{i-1})\right)^2|\mathcal{F}_{t_{j-1}}\right)$$

$$= \sum_{i=1}^n \mathbf{E}\left(\phi_i^2(t_i-t_{i-1})\right) = \mathbf{E}\left(\int_0^\infty \phi(t)^2dt\right).$$

Ceci établit une propriété d'isométrie qui va permettre d'étendre par densité l'intégrale stochastique des processus élémentaires. Pour cela, nous utilisons la propriété suivante, dont on trouvera une démonstration dans Karatzas et Schreve [KS88] (page 134, problème 2.5) : pour tout processus $\phi \in \mathbf{M}^2$ il existe une suite de processus élémentaires $(\phi_n(s), 0s \geq 0)$ telle que :

$$\lim_{n\to+\infty}\mathbf{E}\left(\int_0^{+\infty}|\phi(s)-\phi_n(s)|^2\,ds\right) = 0.$$

Ceci permet de prolonger l'intégrale stochastique des processus élémentaires à tous les éléments de $\mathbf{M}^2$. On continue à noter cette intégrale stochastique pour un élément de $\mathbf{M}^2$:

$$\int_0^{+\infty}\phi(s)dB(s).$$

Par passage à la limite dans les égalités précédentes on peut prouver que cette application est linéaire et que pour tout processus ϕ de $\mathbf{M}^2$, on a :

$$\mathbf{E}\left(\int_0^\infty \phi(s)dB(s)\right) = 0,$$

et :

$$\mathbf{E}\left(\left|\int_0^\infty \phi(s)dB(s)\right|^2\right) = \mathbf{E}\left(\int_0^\infty |\phi(s)|^2 ds\right).$$

On peut alors définir, pour tout $t \geq 0$:

$$\int_0^t \phi(s)dB(s) := \int_0^\infty \phi(s)\mathbf{1}_{[0,t]}(s)dB(s),$$

pour tout processus $\phi \in \bigcap_{T \geq 0} \mathbf{M}_T^2$, avec :

$$\mathbf{M}_T^2 = \left\{(\phi(s), 0 \leq s \leq T) \text{ adapté et tel que } \mathbf{E}\left(\int_0^T |\phi(s)|^2\,ds\right) < +\infty\right\}.$$

En fait, on peut même définir l'intégrale stochastique d'Itô :

$$\int_0^t \phi(s)dB(s),$$

avec $\phi \in \bigcap_{T \geq 0} \mathbf{M}_{T,loc}^2$, où $\mathbf{M}_{T,loc}^2$ est l'ensemble des processus adaptés qui vérifient :

$$\int_0^T |\phi(s)|^2 ds < \infty \quad \text{p.s..}$$

Notons que, dans tous les cas, on peut construire l'intégrale stochastique :

$$\left(\int_0^t \phi(s)dB(s), t \geq 0\right),$$

de telle sorte qu'elle soit p.s. continue en t et que si $\phi \in \mathbf{M}_T^2$, alors pour $t \leq T$:

$$\mathbf{E}\left(\int_0^t \phi(s)dB(s)\right) = 0,$$

$$\mathbf{E}\left(\left(\int_0^t \phi(s)dB(s)\right)^2\right) = \mathbf{E}\left(\int_0^t |\phi(s)|^2 ds\right).$$

Dans le cas $\phi \in \mathbf{M}^2_{T,loc}$, on peut seulement affirmer que :

$$\mathbf{E}\left(\left(\int_0^t \phi(s)dB(s)\right)^2\right) \leq \mathbf{E}\left(\int_0^t |\phi(s)|^2 ds\right).$$

Remarque : Si $(B(t), t \geq 0)$ est un mouvement brownien p-dimensionnel, et $\phi \in (\mathbf{M}^2_{T,loc})^{n \times p}$, alors on définit le processus n-dimensionnel :

$$\left(\int_0^t \phi(s)dB(s), 0 \leq t \leq T\right),$$

par :

$$\left(\int_0^t \phi(s)dB(s)\right)_i = \sum_{j=1}^n \int_0^t \phi_{ij}(s)dB_j(s), \ 1 \leq i \leq p.$$

Intégrale stochastique et martingale Nous avons vu que le mouvement brownien est une martingale. La notion d'intégrale stochastique permet de construire, à partir du mouvement brownien, de très nombreuses martingales. Nous verrons que cette notion est très utile pour établir les liens entre équations différentielles stochastiques et équations aux dérivées partielles. Le résultat suivant précise que le processus $t \to \int_0^t \phi(s)dB(s)$ est une martingale.

Proposition 5.1.7 *Soit $(\phi(t), t \geq 0)$ un processus appartenant à $\mathbf{M}^2_T$. Alors le processus $(\int_0^t \phi(s)dB(s)), 0 \leq t \leq T)$ est une martingale par rapport à la filtration $(\mathcal{F}_t, 0 \leq t \leq T)$. En particulier, si τ est un temps d'arrêt par rapport à $(\mathcal{F}_t, 0 \leq t \leq T)$ plus petit que T, on a :*

$$\mathbf{E}\left(\int_0^\tau \phi(s)dB(s)\right) = 0.$$

Remarque : La dernière affirmation de cette proposition est un cas particulier du *théorème d'arrêt* pour la martingale $\left(\int_0^t \phi(s)dB(s), 0 \leq t \leq T\right)$. Ce résultat joue un rôle important lorsque l'on cherche à établir des représentations probabilistes pour des équations elliptiques.

Démonstration : Nous avons vu que si ϕ est un processus de $\mathbf{M}^2_T$, on a :

$$\mathbf{E}\left(\int_0^T \phi(s)dB(s)\right) = 0.$$

On remarque alors que, si ϕ est une processus de $\mathbf{M}_T^2$ et τ un temps d'arrêt borné par T, le processus $(1_{\{t<\tau\}}\phi(t), t \geq 0)$ reste un adapté de $\mathbf{M}_T^2$. On peut, de plus, montrer le résultat a priori intuitif (mais pas complètement évident) suivant, presque sûrement :

$$\int_0^T 1_{\{s<\tau\}}\phi(s)dB(s) = \left(\int_0^t \phi(s)dB(s)\right)_{t=\tau}.$$

Il est alors facile de montrer que :

$$\mathbf{E}\left(\int_0^\tau \phi(s)dB(s)\right) = \mathbf{E}\left(\int_0^T 1_{\{t<\tau\}}(s)\phi(s)dB(s)\right) = 0.$$

On peut alors en déduire la propriété de martingale du processus $M(t) = \int_0^t \phi(s)dB(s)$ en remarquant que, si A est un événement $\mathcal{F}_s$-mesurable, $\tau = s1_A + t1_{A^c}$ est un temps d'arrêt. D'où :

$$0 = \mathbf{E}\left(M(\tau)\right) = \mathbf{E}\left(M(s)1_A\right) + \mathbf{E}\left(M(t)\right) - \mathbf{E}\left(M(t)1_A\right).$$

Comme $\mathbf{E}\left(M(t)\right) = 0$, on en déduit donc que $\mathbf{E}\left(M(s)1_A\right) = \mathbf{E}\left(M(t)1_A\right)$. Ce qui permet de conclure. $\Box$

Formule d'Itô L'élément essentiel permettant de conduire des calculs lorsque interviennent des intégrales stochastiques est la *formule d'Itô*. Nous nous contenterons de l'énoncer et d'indiquer une ébauche de démonstration dans le cas du mouvement brownien. Pour une démonstration complète nous renvoyons à [KS88] ou à [RY91].

Commençons par énoncer la formule d'Itô pour le mouvement brownien.

Proposition 5.1.8 *Soit $(B(t), t \geq 0)$ un mouvement brownien de dimension p. Soit Φ une fonction de classe $C^2(\mathbf{R}^p)$, alors :*

$$\Phi(B(t)) = \Phi(B(0)) \quad + \quad \sum_{i=1}^p \int_0^t \Phi_i'(B(s))dB_i(s)$$

$$+ \quad \frac{1}{2}\sum_{i=1}^p \int_0^t \Phi_{ii}''(B(s))ds$$

Démonstration : Nous nous contentons d'esquisser la démonstration dans le cas $p = 1$. Posons $t_i^n = \dfrac{i}{n}t$. A l'aide de la formule de Taylor, on obtient :

$$\Phi(B(t_{i+1}^n)) - \Phi(B(t_i^n)) = \Phi'(B(t_i^n))(B(t_{i+1}^n) - B(t_i^n))$$

$$+\frac{1}{2}\Phi''(\theta_i^n)(B(t_{i+1}^n) - B(t_i^n))^2,$$

avec θ_i^n point intermédiaire entre $B(t_i^n)$ et $B(t_{i+1}^n)$. Il n'est pas difficile de montrer que:

$$\sum_{i=0}^{n-1} \Phi'(B(t_i^n))\,(B(t_{i+1}^n) - B(t_i^n)) \text{ tend vers } \int_0^t \Phi'(B(s))dB(s),$$

en probabilité quand $n \to \infty$. Il résulte de la Proposition 5.4.1 et de la continuité de $t \to \Phi''(B(t))$, à l'aide d'un argument de théorie de l'intégration, que:

$$\sum_{i=0}^{n-1} \Phi''(\theta_i^n)(B(t_{i+1}^n) - B(t_i^n))^2 \text{ tend, en probabilité, vers } \int_0^t \Phi''(B(s))ds,$$

quand n tend vers ∞.   □

En fait, on peut montrer de façon analogue une formule d'Itô beaucoup plus générale. On appelle *processus d'Itô* un processus de la forme

$$X(t) = X(0) + \int_0^t \psi(s)ds + \int_0^t \phi(s)dB(s), t \geq 0, \tag{5.2}$$

avec $X(0)$ vecteur aléatoire de dimension n indépendant de $(B(t), t \geq 0)$, $\psi \in \cap_T(\mathbf{M}_{T,loc}^2)^n$, $\phi \in \cap_T(\mathbf{M}_{T,loc}^2)^{n \times p}$, et $(B(t), t \geq 0)$ mouvement brownien p-dimensionnel.

Proposition 5.1.9 *Soit $(X(t), t \geq 0)$ un processus d'Itô de la forme (5.2), et $\Phi \in C^2(\mathbf{R}^n)$. Alors:*

$$\begin{aligned}
\Phi(X(t)) &= \Phi(X(0)) + \sum_{i=1}^n \int_0^t \Phi_i'(X(s))dX_i(s) \\
&+ \frac{1}{2}\sum_{i,j=1}^n \int_0^t \Phi_{ij}''(X(s))d < X_i, X_j >_s .
\end{aligned} \tag{5.3}$$

avec:

$$- \; dX_i(s) = \psi_i(s)ds + \sum_{j=1}^p \phi_{ij}(s)dB_j(s),$$

$$- \; d < X_i, X_j >_s = \sum_{k=1}^p \phi_{ik}(s)\phi_{jk}(s)ds.$$

On écrit le plus souvent la formule d'Itô sous une forme différentielle, plus commode:

$$d\Phi(X(t)) = \sum_{i=1}^n \Phi_i'(X(s))dX_i(s) + \frac{1}{2}\sum_{i,j=1}^n \Phi_{ij}''(X(s))d < X_i, X_j >_s .$$

Remarque : Notons la forme particulière que prend cette formule lorsque $X_1(t) = t$. On note $\bar{X}(t) = (X_2(t), \dots, X_n(t))$. En appliquant la formule précédente et en remarquant que $< X_1, X_i >_t = 0$, pour $i = 1, \dots, n$, on obtient :

$$
d\Phi(t, \bar{X}(t)) = \Phi(0, \bar{X}(0)) + \frac{\partial \Phi}{\partial t}(s, \bar{X}(s))ds + \sum_{i=2}^{n} \Phi_i'(s, \bar{X}(s))dX_i(s)
$$

$$
+ \frac{1}{2} \sum_{i,j=2}^{n} \Phi_{ij}''(s, \bar{X}(s))d < X_i, X_j >_s .
$$

$$(5.4)$$

En particulier, si $(X(t), t \geq 0)$ est un processus d'Itô à valeurs dans $\mathbf{R}$, si c est une constante réelle et $Y(t) = X(t)e^{-ct}$, en notant que $Y(t) = f(t, X_t)$ avec $f(t, x) = xe^{-ct}$ on obtient :

$$
dY(t) = -cX(t)e^{-ct}dt + e^{-ct}dX(t). \tag{5.5}
$$

Cette remarque nous sera utile par la suite.

Nous allons montrer comment la formule d'Itô permet d'établir un lien entre le mouvement brownien et des équations de type elliptique.

5.1.4 Mouvement brownien et problème de Dirichlet

Soit D un domaine régulier borné de $\mathbf{R}^p$. On définit le temps de sortie de D partant de x :

$$
S^x = \inf\{t \geq 0; x + B(t) \in D^c\}.
$$

On peut démontrer que $x + B(t)$ sort bien de D en un temps fini presque sûrement, et que S^x est un temps d'arrêt. Par continuité des trajectoires, on voit que $x + B(S^x)$ prend ses valeurs dans la frontière de D, que l'on notera ∂D. Étant donné f continue bornée de ∂D, on pose :

$$
u(x) = \mathbf{E}[f(x + B(S^x))]
$$

Le résultat suivant montre que la fonction u ainsi définie est la solution d'un problème de Dirichlet.

Théorème 5.1.10 *Supposons que la frontière ∂D d'un ouvert borné D soit régulière et que f soit continue et bornée sur ∂D. Alors $u(x) = \mathbf{E}[f(x+B(S^x))]$ est l'unique solution de classe $C^2(D) \cap C(\bar{D})$ du problème de Dirichlet :*

$$
\begin{cases}
\Delta u(x) & = & 0, & x \in D; \\
u(x) & = & f(x), & x \in \partial D.
\end{cases}
$$

Démonstration : La première égalité signifie que u est harmonique dans D. On peut montrer que cette propriété est équivalente à affirmer que, pour tout $x \in D$, $r > 0$ tel que $B(x,r) = \{x \in \mathbf{R}^p, |x| \leq r\} \subset D$,

$$u(x) = \int_{\{|y-x|=r\}} u(y)\sigma_{x,r}(dy),$$

où $\sigma_{x,r}$ désigne la mesure uniforme sur la sphère $B(x,r)$ constituée des points à distance r de x. Nous allons vérifier que la fonction définie par $u(x) = \mathbf{E}[f(x + B(S^x))]$ vérifie cette dernière propriété. Pour cela, notons :

$$T_r^x = \inf\{t \geq 0; X^x(t) \in B(x,r)^c\},$$

où $X^x(t) = x + B(t)$. On a alors :

$$u(x) = \mathbf{E}\left(\mathbf{E}\left(f(X^x(S^x))/X^x(T_r^x)\right)\right).$$

Le fait que T_r^x soit un temps d'arrêt permet alors de montrer (voir la proposition 5.1.4) que :

$$\left(X^x(s + T_r^x) - X^x(T_r^x), s \geq 0\right),$$

est un mouvement brownien issu de 0 à l'instant 0 indépendant de la variable aléatoire $X^x(T_r^x)$. Comme, pour r suffisamment petit, on a $T_r^x < S^x$, on obtient donc :

$$\mathbf{E}\left(f(X^x(S^x))/X^x(T_r^x)\right) = u\left(X^x(T_r^x)\right).$$

De plus, l'invariance par rotation du mouvement brownien, permet de prouver que la loi de $X^x(T_r^x)$ est uniforme sur la sphère $B(x,r)$. On en déduit que, pour r petit :

$$u(x) = \int_{\{|y-x|=r\}} u(y)\sigma_{x,r}(dy).$$

u est donc une fonction harmonique sur D.

Le fait que si $x \in \partial D$ on a $\lim_{y \to x, y \in D} u(y) = f(x)$, se comprend intuitivement si l'on remarque que, pour $x \in \partial D$, $T_r^x = 0$. Cependant une démonstration précise est délicate et repose sur les hypothèses de régularité de l'ouvert D et de la fonction f, que nous n'avons pas souhaité expliciter ici. Nous renvoyons à [RW94] pour des précisions et une démonstration de ce résultat.

Pour terminer la preuve il reste à démontrer l'unicité de la solution du problème de Dirichlet. Ceci peut se faire en utilisant un argument classique issu du principe du maximum. $\qquad\square$

Remarque : On peut donner une autre démonstration de l'unicité dans la

classe des fonctions $C^2(D) \cap C(\bar{D})$ en utilisant la formule d'Itô. Cette preuve
s'adapte à des cas très généraux et permet de retrouver formellement le lien
entre le mouvement brownien et une solution au problème de Dirichlet. Pour
des raisons de simplicité, nous donnons l'idée de la démonstration dans le cas
$p = 1$ (le cas général se traitant de façon quasi-identique). Pour cela notons
que, si u est de classe C^2, en utilisant la formule d'Itô :

$$u(x + B(t)) = u(x) + \frac{1}{2} \int_0^t u''(x + B(s))ds + \int_0^t u'(x + B(s))dB(s).$$

On en déduit que :

$$u(x + B(S^x)) = u(x) + \frac{1}{2} \int_0^{S^x} u''(x + B(s))ds + \int_0^{S^x} u'(x + B(s))dB(s).$$

Maintenant si u est une solution de classe C^2, vérifiant $u'' = 0$ dans Ω on a :

$$u(x + B(S^x)) = u(x) + \int_0^{S^x} u'(x + B(s))dB(s).$$

Mais comme S^x est le temps de sortie d'un domaine borné on peut prouver
que $\mathbf{E}(S^x) < +\infty$. Ceci permet d'obtenir (en approximant S^x par une famille
de temps d'arrêt bornés $(\inf(S^x, n)$, pour n entier) que :

$$\mathbf{E}\left(\int_0^{S^x} u'(x + B(s))dB(s) \right) = 0.$$

On en déduit que $u(x) = \mathbf{E}\left(u(x + B(S^x)) \right) = \mathbf{E}\left(f(x + B(S^x)) \right)$.

5.1.5 Formule de Feynman-Kac

Nous pouvons aussi, à l'aide de la formule d'Itô, donner une formule de
représentation probabiliste pour l'unique solution de l'équation parabolique
suivante :

$$\begin{cases} \dfrac{\partial u}{\partial t}(t, x) &= \dfrac{1}{2}\Delta u(t, x) + c(x)u(t, x) + f(x), \quad t > 0, x \in \mathbf{R}^p; \\ u(0, x) &= g(x) \end{cases}$$

avec $c, f, g \in C_b(\mathbf{R}^p)$. On a alors la proposition suivante :

Proposition 5.1.11

$$\begin{aligned} u(t, x) = \ & \mathbf{E}\left[g(x + B(t)) \exp\left(\int_0^t c(x + B(s))ds \right) \right. \\ & \left. + \int_0^t f(x + B(s)) \exp\left(\int_0^s c(x + B(r))dr \right) ds \right] \end{aligned}$$

Démonstration : Nous allons faire la démonstration sous l'hypothèse supplémentaire que $u \in C_b^{1,2}(\mathbf{R}_+ \times \mathbf{R}^p)$. Posons $v(s, x) = u(t - s, x)$, $0 \leq s \leq t$, et considérons le processus :

$$v(s, x + B(s)) \exp \left(\int_0^s c(x + B(r)) dr \right).$$

En appliquant la formule d'Itô à la fonction f avec $f(x, y) = v(t, x) \exp(y)$ et au couple de processus $\left(x + B(t), \int_0^t c(x + B(s)) ds \right)$, on obtient :

$$v(t, x + B(t)) \exp \left(\int_0^t c(x + B(s)) ds \right) =$$
$$v(0, x) + \int_0^t \left(\frac{\partial v}{\partial t} + \frac{1}{2} \Delta v + cv \right) (s, x + B(s)) \exp \left(\int_0^s c(x + B(r)) dr \right) ds$$
$$+ \sum_{i=1}^p \int_0^t \frac{\partial v}{\partial x_i} (t, x + B(s)) \exp \left(\int_0^s c(x + B(r)) dr \right) dB_i(s)$$

Comme u vérifie l'équation $\frac{\partial u}{\partial t} = \frac{1}{2} \Delta u + cu + f$, en prenant l'espérance dans cette égalité, on obtient la formule annoncée. □

Remarque : Notons que l'on obtient dans cette proposition un résultat très voisin de celui du théorème 2.3.6, la seule différence étant la nature du processus permettant de représenter l'équation aux dérivées partielles : un processus de transport dans le premier cas et une diffusion dans le deuxième.

On aurait une formule analogue pour une équation dans un domaine $D \subset \mathbf{R}^p$, avec condition de Dirichlet au bord, en terme du processus "arrêté à la frontière ∂D" (cf. la section 5.2 ci-dessus). Quand à l'équation avec condition de Neumann au bord, elle s'interprète à l'aide d'un processus "réfléchi au bord de D". Nous renvoyons le lecteur à Bensoussan-Lions [BL78], [BL82] et Dautray [Dau89] pour de plus amples renseignements.

5.2 Représentations probabilistes et processus de diffusion

Nous venons de voir que l'on peut représenter les solutions du problème de Dirichlet ($\Delta u = 0$ dans D et $u = f$ sur ∂D) et d'équations paraboliques du type équation de la chaleur en utilisant le mouvement brownien. Les solutions de ces équations se présentent alors sous la forme d'une espérance d'une variable aléatoire qui se prête bien à une méthode de Monte-Carlo. Nous allons étendre ce genre de formule à certains opérateurs linéaires du second ordre et à des problèmes voisins. Pour exprimer ces formules de représentation nous aurons besoin d'introduire une nouvelle classe de processus qui généralisent le mouvement brownien : les processus de diffusion. Ce sont les trajectoires de ces processus qui jouent le rôle de "courbes caractéristiques aléatoires". On construira ces processus comme solutions d'une équation différentielle stochastique et on montrera le lien naturel qui les relie aux les opérateurs linéaires du second ordre.

5.2.1 Équations différentielles stochastiques

Une équation différentielle stochastique est une généralisation de la notion d'équation différentielle ordinaire :

$$\dot{X}(t) = b(X(t)), X(0) = x.$$

On perturbe cette équation par la dérivée d'un mouvement brownien $B(t)$ (modulée par un coefficient de diffusion $\sigma(x)$) :

$$\dot{X}(t) = b(X(t)) + \sigma(X(t))\dot{B}(t).$$

Cette écriture n'a pas grand sens, car le mouvement brownien n'est pas dérivable, et l'on préfère écrire cette équation sous une forme intégrée :

$$X(t) = x + \int_0^t b(X(s))ds + \int_0^t \sigma(X(s))dB(s). \qquad (5.6)$$

On note, souvent, (5.6) sous la forme symbolique :

$$\begin{cases} dX(t) &= b(X(t))\,dt + \sigma(X(t))\,dB(t) \\ X(0) &= x. \end{cases}$$

On appelle ces équations des "équations différentielles stochastiques". La solution $(X(t), t \geq 0)$ de l'équation (5.6) est appelée "processus de diffusion" (on dit parfois, par abus de langage, une "diffusion").

Précisons les notations. On se donne $b : \mathbf{R} \to \mathbf{R}$, $\sigma : \mathbf{R} \to \mathbf{R}$, et $(B(t), t \geq 0)$ un mouvement brownien par rapport à la filtration $(\mathcal{F}_t, t \geq 0)$. Trouver une solution à l'équation (5.6) signifie trouver un processus stochastique $(X(t), t \geq 0)$ continu, tel que pour tout t, $X(t)$ est $\mathcal{F}_t$ mesurable et qui vérifie :

– pour tout $t \geq 0$, les intégrales $\int_0^t b(X(s))ds$ et $\int_0^t \sigma(X(s))dB(s)$ ont un sens, soit :

$$\int_0^t |b(X(s))|ds < +\infty \text{ et } \int_0^t |\sigma(X(s))|^2 ds < +\infty \text{ p.s..}$$

– pour tout $t \geq 0$:

$$\text{p.s. } X(t) = x + \int_0^t b(X(s))\,ds + \int_0^t \sigma(X(s))\,dB(s).$$

Le théorème suivant donne des conditions suffisantes sur b et σ pour avoir un résultat d'existence et d'unicité pour (5.6).

Théorème 5.2.1 *Si b et σ sont des fonctions, telles qu'il existe $K < +\infty$, avec $|b(x) - b(y)| + |\sigma(x) - \sigma(y)| \leq K|x - y|$, alors, pour tout $T \geq 0$, (5.6) admet une solution unique dans l'intervalle $[0, T]$. De plus cette solution vérifie:*

$$\mathbf{E}\left(\sup_{0 \leq t \leq T} |X(s)|^2\right) < +\infty.$$

Remarque: L'unicité signifie que si $(X(t))_{0 \leq t \leq T}$ et $(Y(t))_{0 \leq t \leq T}$ sont deux solutions de (5.6), alors p.s. $\forall 0 \leq t \leq T, \quad X(t) = Y(t)$. Pour une démonstration nous renvoyons à [KS88].

Donnons quelques exemples de processus de diffusion classiques.

Exemple 4 On appelle processus d'Ornstein-Uhlenbeck la solution unique de l'équation suivante:

$$\begin{cases} dX(t) & = & -cX(t)dt + \sigma dB(t), \\ X(0) & = & x. \end{cases}$$

On peut expliciter cette solution. En effet, posons $Y(t) = X(t)e^{ct}$, en utilisant l'équation 5.5 on obtient:

$$dY(t) = dX(t)e^{ct} + X(t)d(e^{ct}).$$

On en déduit que $dY(t) = \sigma e^{ct}dB(t)$, puis que:

$$X(t) = xe^{-ct} + \sigma e^{-ct}\int_0^t e^{cs}dB(s).$$

Exemple 5 Le processus d'Ornstein-Uhlenbeck est un cas particulier du problème suivant. On se donne une fonction ϕ de $\mathbf{R}^n$ dans $\mathbf{R}$ qui va jouer le rôle d'un potentiel. On va considérer la diffusion ayant un coefficient de diffusion constant et pour dérive:

$$b(x) = -\nabla\phi(x).$$

On s'intéresse alors au processus solution unique (sous réserve d'hypothèses sur ϕ) de l'équation:

$$dX(t) = -\nabla\phi(X(t))dt + \sigma dB(t),$$

$(B(t), t \geq 0)$ étant un mouvement brownien et σ étant un réel donné.

Le processus d'Ornstein-Uhlenbeck correspond au choix suivant pour ϕ:

$$\phi(x) = \frac{c}{2}|x|^2.$$

On peut envisager de compliquer le potentiel en posant, par exemple:

$$\phi(x) = \frac{c}{2}|x|^2 - \epsilon|x|^4.$$

Exemple 6 Dans des exemples de mécanique aléatoire, on est amené à considérer que la particule ou plus généralement, le système mécanique est régi par une équation différentielle stochastique du type :

$$\begin{cases} dX(t) & = & V(t)dt, \\ dV(t) & = & b(t, X(t), V(t))dt + \sigma(t, X(t), V(t))dB(t), \end{cases}$$

X représentant la position du système et V sa vitesse. Cette équation est à rapprocher des évolutions aléatoires qui ont été étudiées au chapitre 2 : la dynamique décrivant l'évolution de la vitesse est ici décrite à l'aide d'une diffusion et non d'un processus de saut comme au chapitre 2.

Exemple 7 Le processus le plus utilisé pour les modélisations financières est le *modèle de Black et Scholes*. On suppose que $(S(t), t \geq 0)$ est la solution unique de l'équation :

$$dS(t) = S(t) \left(rdt + \sigma dB(t) \right),$$

où r et σ sont deux nombres réels et $(B(t), t \geq 0)$ est un mouvement brownien.
En appliquant la formule d'Itô à $\log(S(t))$, on voit que :

$$d\log(S(t)) = \left(r - \frac{\sigma^2}{2} \right) dt + \sigma dB(t),$$

La variable aléatoire $S(t)$ s'écrit donc sous la forme :

$$S(t) = x \exp \left(\left(r - \frac{\sigma^2}{2} \right) t + \sigma B(t) \right).$$

Ce processus est aussi souvent appelé un "mouvement brownien géométrique" car il est à accroissements multiplicatifs indépendants. Notons de plus que la variable aléatoire $S(t)$ suit une loi log-normale (c'est-à-dire la loi d'une exponentielle de gaussienne).

On peut généraliser la définition des équations différentielles stochastiques au cas où le processus évolue dans $\mathbf{R}^n$. On se donne :

- $B = (B^1, \ldots, B^p)$ un mouvement brownien de dimension p par rapport à une filtration $(\mathcal{F}_t, t \geq 0)$.

- $b : \mathbf{R}^n \to \mathbf{R}^n$, $b(x) = (b^1(x), \cdots, b^n(x))$.

- $\sigma : \mathbf{R}^n \to \mathbf{R}^{n \times p}$ (l'ensemble des matrices $n \times p$),

$$\sigma(x) = (\sigma_{i,j}(x))_{1 \leq i \leq n, 1 \leq j \leq p}.$$

et l'on considère l'équation différentielle stochastique :

$$X(t) = x + \int_0^t b\left(X(s) \right) ds + \int_0^t \sigma \left(X(s) \right) dB(s), \qquad (5.7)$$

où il faut comprendre que l'on cherche un processus $(X(t), t \geq 0)$ à valeurs dans $\mathbf{R}^n$ adapté à $(\mathcal{F}_t, t \geq 0)$ et tel que, pour tout t et pour tout $1 \leq i \leq n$, on a presque sûrement :

$$X_i(t) = x_i + \int_0^t b_i(X(s))ds + \sum_{j=1}^p \int_0^t \sigma_{ij}(X(s))dB^j(s).$$

Le théorème d'existence et d'unicité se généralise de la façon suivante :

Théorème 5.2.2 *On suppose que* $|b(x) - b(y)| + |\sigma(x) - \sigma(y)| \leq K|x - y|$, *alors il existe une solution unique à l'équation (5.7).*

Donnons un exemple de diffusions multidimensionnelles.

Exemple 8 On peut généraliser le modèle de Black et Scholes en faisant intervenir plusieurs actifs. Une façon naturelle de procéder est la suivante, on suppose que $(S_1(t), \ldots, S_N(t), t \geq 0)$ est solution de :

$$\begin{cases} dS_1(t) &=& S_1(t)\left(rdt + \sum_{j=1,N} \sigma_{1j}dB_j(t)\right), S_1(0) = x_1 \\ \cdots & & \cdots \\ dS_N(t) &=& S_N(t)\left(rdt + \sum_{j=1,N} \sigma_{Nj}dB_j(t)\right), S_N(0) = x_N \end{cases}$$

où $(B(t), t \geq 0)$ est un mouvement brownien N-dimensionnel, r un nombre réel positif et σ une matrice donnée.

On peut vérifier que chacune des coordonnées $S_i(t)$ suit un modèle identique, en loi, à celui de Black et Scholes décrit dans l'exemple 7. Il suffit, pour cela, de vérifier que $(S_i(t), t \geq 0)$ est solution de :

$$dS_i(t) = S_i(t)\left(rdt + \sigma_i d\tilde{B}_i\right), S_i(0) = x_i,$$

avec :

$$\sigma_i^2 = \sum_{j=1}^N \sigma_{ij}^2 \text{ et } \tilde{B}_i(t) = \frac{\sum_{j=1,N} \sigma_{ij}B_j(t)}{\sigma_i},$$

et de remarquer que $(\tilde{B}_i(t), t \geq 0)$ est encore un mouvement brownien. La matrice σ permet de rendre les actifs S_i corrélés.

5.2.2 Générateur infinitésimal et diffusion

Nous allons voir qu'à un processus de diffusion on peut associer un opérateur aux dérivées partielles linéaire du second ordre. On appelle cet opérateur le générateur infinitésimal de la diffusion. On pourrait montrer qu'une diffusion est un processus de Markov homogène et nous verrons que ce générateur coïncide avec la notion de générateur infinitésimal du semi-groupe associé à un processus de Markov homogène défini à la section 2.1.1.

Pour simplifier, nous commencerons par supposer que la diffusion évolue dans $\mathbf{R}$. On note $(X(t), t \geq 0)$ une solution de :

$$dX(t) = b\left(X(t)\right)dt + \sigma\left(X(t)\right)dB(t), \tag{5.8}$$

$(B(t), t \geq 0)$ étant un mouvement brownien de filtration $(\mathcal{F}_t, t \geq 0)$.

Proposition 5.2.3 *Soit A l'opérateur différentiel qui à une fonction f de classe C^2 associe la fonction :*

$$(Af)(x) = \frac{\sigma^2(x)}{2}f''(x) + b(x)f'(x).$$

Alors, pour toute fonction f de classe C^2 à dérivées bornées, le processus $M(t) = f(X(t)) - \int_0^t Af(X(s))ds$ est une martingale par rapport à la filtration du mouvement brownien. En particulier on a, pour tout t :

$$\mathbf{E}\left(f(X(t))\right) = f(x) + \mathbf{E}\left(\int_0^t Af(X(s))ds\right).$$

Démonstration : La formule d'Itô donne :

$$f(X(t)) = f(X_0) + \int_0^t f'(X(s))dX(s) + \frac{1}{2}\int_0^t f''(X(s))\sigma^2(X(s))ds.$$

D'où :

$$\begin{aligned}f(X(t)) &= f(X_0) + \int_0^t f'(X(s))\sigma(X(s))dB(s) \\ &+ \int_0^t \left(\frac{1}{2}\sigma^2(X(s))f''(X(s)) + b(X(s))f'(X(s))\right)ds.\end{aligned}$$

Comme f admet une dérivée bornée, et que $|\sigma(x)| \leq K(1+|x|)$ on vérifie facilement que, pour tout $t \geq 0$, $\mathbf{E}\left(\int_0^t |f'(X(s))\sigma(X(s))|^2 ds\right) < +\infty$. Puis, on utilise la proposition 5.1.7 pour en déduire que le processus $\left(\int_0^t \phi(s)dB(s), t \geq 0\right)$ est une martingale. Ceci prouve la première partie de la proposition et l'on obtient le dernier résultat en prenant l'espérance. $\qquad\square$

On peut déduire de ce résultat le théorème suivant.

Théorème 5.2.4 *On note $X^x(t)$ la solution de l'équation différentielle stochastique (5.8) telle que $X_0^x = x$. Alors, si f est une fonction de classe C^2 à dérivées bornées, la fonction $t \to \mathbf{E}\left(f(X^x(t))\right)$ est dérivable et l'on a :*

$$\frac{d}{dt}\mathbf{E}\left(f\left(X^x(t)\right)\right)|_{t=0} = (Af)(x)$$

Remarque : L'opérateur différentiel A est appelé *le générateur infinitésimal* du processus de diffusion $(X^x(t), t \geq 0)$. Le théorème prouve qu'il s'agit du générateur infinitésimal du semi groupe (au sens de l'analyse) associé à X^x (voir aussi, à ce sujet page 137) donné par :

$$P_t f(x) = \mathbf{E}(f(X_t^x)), \text{ pour } t \geq 0, x \in \mathbf{R}.$$

Démonstration : Si on note $X^x(t)$ la solution de l'équation différentielle stochastique (5.8) telle que $X_0^x = x$, on déduit de la proposition 5.2.3 que :

$$\mathbf{E}\left(f\left(X^x(t)\right)\right) = f(x) + \mathbf{E}\left(\int_0^t Af\left(X^x(s)\right) ds\right).$$

De plus, comme les dérivées de f sont bornées par une constante K_f et que $|b(x)| + |\sigma(x)| \leq K(1 + |x|)$ on peut montrer que :

$$\mathbf{E}\left(\sup_{s \leq T} |Af(X^x(s))|\right) < +\infty.$$

On peut donc appliquer le théorème de Lebesgue ($x \mapsto Af(x)$ et $s \mapsto X^x(s)$ sont des fonctions continues) pour en déduire que :

$$\frac{d}{dt} \mathbf{E}\left(f\left(X^x(t)\right)\right)\big|_{t=0} = \lim_{t \to 0} \mathbf{E}\left(\frac{1}{t} \int_0^t Af(X^x(s))ds\right) = Af(x).$$

$\square$

Ce résultat se généralise au cas des diffusions à valeurs vectorielles. Soit l'équation différentielle stochastique :

$$\begin{cases} dX_1(t) & = & b_1\left(X(t)\right) dt + \sum_{j=1}^p \sigma_{1j}\left(X(t)\right) dB_j(t) \\ \vdots & \vdots & \vdots \\ dX_n(t) & = & b_n\left(X(t)\right) dt + \sum_{j=1}^p \sigma_{nj}\left(X(t)\right) dB_j(t). \end{cases} \quad (5.9)$$

Théorème 5.2.5 *On suppose que les hypothèses du théorème 5.2.2 sont vérifiées. On introduit l'opérateur différentiel A qui à une fonction f de classe C^2 de $\mathbf{R}^n$ dans $\mathbf{R}$ associe la fonction :*

$$(Af)(x) = \frac{1}{2} \sum_{i,j=1}^n a_{ij}(x) \frac{\partial^2 f}{\partial x_i \partial x_j}(x) + \sum_{j=1}^n b_j(x) \frac{\partial f}{\partial x_j}(x), \quad (5.10)$$

où $a_{ij}(x) = \sum_{k=1}^p \sigma_{ik}(x)\sigma_{jk}(x)$ (avec des notations matricielles $a(x) = \sigma(x)\sigma^*(x)$ où $\sigma^*(x)$ est la transposée de la matrice $\sigma(x) = (\sigma_{ij}(x))_{i,j}$). On a :

$$\frac{d}{dt} \mathbf{E}\left(f\left(X^x(t)\right)\right)\big|_{t=0} = Af(x).$$

Remarque : Notons que, pour tout x la matrice $a(x) = (a_{ij}(x))_{1 \leq i,j \leq n}$ est forcément semi-définie positive mais que rien ne l'empêche de s'annuler en certains points de $\mathbf{R}^n$. C'est l'une des forces de la méthode de Monte-Carlo de pouvoir s'adapter à ces situations sans trop de difficultés.

Démonstration : A l'aide de la formule d'Itô 5.3, on obtient :

$$df(X(t)) = \sum_{i=1}^{n} \frac{\partial f}{\partial x_i}(X(t))dX_i(t) + \frac{1}{2} \sum_{i,j=1}^{n} \frac{\partial^2 f}{\partial x_i \partial x_j}(X(t))(\sigma\sigma^*)_{ij}(X(t))dt,$$

soit :

$$df(X(t)) = Af(X(t))dt + \sum_{i=1}^{n} \sum_{j=1}^{p} \frac{\partial f}{\partial x_i}(X(t))\sigma_{ij}(X(t))dB_j(t).$$

En intégrant entre 0 et t, et en tenant compte du fait que, pour tout i et j :

$$\mathbf{E}\left(\int_0^t \frac{\partial f}{\partial x_i}(X(t))\sigma_{ij}(X(t))dB_j(t) \right) = 0$$

on déduit que $\mathbf{E}(f(X(t))) = f(x) + \mathbf{E}\left(\int_0^t Af(X(s))ds \right)$. On conclut par le même argument que dans le théorème précédent. $\qquad\square$

Nous allons maintenant montrer que les solutions d'équations différentielles stochastiques de générateur infinitésimal A permettent de représenter des solutions d'équations paraboliques associées à ce même opérateur.

5.2.3   Diffusions et problèmes d'évolution

Pour donner une interprétation probabiliste à des problèmes paraboliques, on utilise la formule dite de Feynman-Kac. Nous allons établir cette formule dans un cas simple. Dans ce qui suit nous nous contenterons de montrer que sous des hypothèses de régularité sur la solution d'une équation aux dérivées partielles, cette solution s'écrit sous forme de l'espérance d'une fonctionnelle d'une diffusion. Ces résultats ne sont pas entièrement satisfaisants, en particulier, nous ferons des hypothèses de régularité a priori très fortes sur les solutions. Ces hypothèses peuvent être partiellement relâchées (on consultera à se sujet [BL78] ou [Fri75]), mais l'exposé devient rapidement très technique.

On suppose que $b(x)$ et $\sigma(x)$ vérifient les hypothèses du théorème 5.2.2. assurant l'existence et l'unicité des solutions de l'équation différentielle stochastique 5.7.

Proposition 5.2.6 *Si $u(t, x)$ est une fonction de classe $C^{1,2}$ en (t, x) à dérivée en x bornée, et $(X(t), t \geq 0)$ est une solution de (5.8), si $c(x)$ est une fonction* continue, bornée inférieurement sur $\mathbf{R}^+ \times \mathbf{R}$, le processus $(M(t), t \geq 0)$ avec M_t égal à :

$$e^{-\int_0^t c(X(s))ds} u(t, X(t)) - \int_0^t e^{-\int_0^s c(X(\eta))d\eta} \left(\frac{\partial u}{\partial t} + Au - cu \right)(s, X(s))ds$$

est une martingale par rapport à la filtration $(\mathcal{F}_t, t \geq 0)$.

Démonstration : À l'aide de la formule d'Itô 5.3 on obtient :

$$du(t, X(t)) = \left(\frac{\partial u}{\partial t}(t, X(t)) + Au(t, X(t)) \right) dt + \sum_{j=1}^{d} H_j(t)dB_j(t),$$

les $H_j(t)$ étant des processus $\mathcal{F}_t$ mesurables tels que $\mathbf{E}\left(\int_0^T H_j(s)^2 ds \right) < +\infty$ pour tout T.

D'autre part, on peut différencier le produit $e^{-\int_0^t c(X(s))ds} u(t, X(t))$, toujours en appliquant la formule d'Itô, pour obtenir :

$$d \left(e^{-\int_0^t c(X(s))ds} u(t, X(t)) \right)$$
$$= e^{-\int_0^t c(X(s))ds} \left(du(t, X(t)) - c(X(t))u(t, X(t))dt \right).$$

D'où :

$$d \left(e^{-\int_0^t c(X(s))ds} u(t, X(t)) \right) = e^{-\int_0^t c(X(s))ds} \left(\frac{\partial u}{\partial t} + Au - cu \right)(t, X(t))dt$$
$$+ \sum_{j=1}^{d} e^{-\int_0^t c(X(s))ds} H_j(t)dB_j(t).$$

Comme c est bornée inférieurement, si l'on pose :

$$K_j(t) = e^{-\int_0^t c(X(\eta))d\eta} H_j(t),$$

on a $\mathbf{E}\left(\int_0^T K_j(s)^2 ds \right) < +\infty$. Donc les processus :

$$\int_0^t e^{-\int_0^s c(X(\eta))d\eta} H_j(s)dB_j(s),$$

sont des martingales, ce qui permet de conclure.   ☐

Le résultat précédent va nous permettre d'établir les formules de représentation pour des solutions d'équations paraboliques.

La formule de Feynman-Kac On se donne un processus de diffusion homogène (les coefficients b et σ ne dépendant pas explicitement du temps t) à valeurs dans $\mathbf{R}^n$, solution de (5.7). On note $X^{t,x}$ la solution unique de :

$$X(s) = x + \int_t^s b(X(u))du + \int_t^s \sigma(X(u))dB(u), s \geq t.$$

$X^{t,x}$ est la solution de l'équation différentielle stochastique (5.7) issue de x en t. On notera X^x pour $X^{0,x}$. Soient f une fonction de $\mathbf{R}^n$ dans $\mathbf{R}$ et c une fonction continue et bornée. Le résultat suivant permet de représenter la solution d'une équation aux dérivées partielles parabolique sous forme d'espérance. C'est ce résultat qui porte le nom de formule de Feynman-Kac.

Notons que contrairement au cas du mouvement brownien (proposition 5.1.11, page 130) nous traitons, ici, une équation parabolique avec condition finale. Nous verrons, ensuite, comment réexprimer ce résultat pour des équations paraboliques avec condition initiale.

Théorème 5.2.7 *Soit f et g des fonctions continues et c une fonction bornée inférieurement. Supposons que u est une fonction de classe $C^{1,2}$ en (t,x) à dérivée en x bornée sur $[0,T] \times \mathbf{R}^n$, vérifiant :*

$$\begin{cases} \left(\dfrac{\partial u}{\partial t} + Au - cu\right)(t,x) &= f(x), \quad \text{pour } (t,x) \in [0,T] \times \mathbf{R}^n, \\ u(T,x) &= g(x), \quad \text{pour } x \in \mathbf{R}^n, \end{cases}$$

Si l'on note $\beta_{t,s} = e^{-\int_t^s c(X^{t,x}(\eta))d\eta}$, alors pour tout $(t,x) \in [0,T] \times \mathbf{R}^n$:

$$u(t,x) = \mathbf{E}\left(\beta_{t,T}g(X^{t,x}(T)) - \int_t^T \beta_{t,s}f(X^{t,x}(s))ds\right).$$

Remarque : Comme le processus est homogène, puisque b et σ ne dépendent pas explicitement de t, la loi de $(X^{t,x}(s), s \geq t)$ est identique à celle de $(X^x(s), s \geq 0)$. On peut aussi écrire le résultat du théorème précédent sous la forme :

$$u(t,x) = \mathbf{E}\left(\beta_{0,T-t}\, g(X^x(T-t)) - \int_0^{T-t} \beta_{0,s-t}\, f(X^x(s))ds\right).$$

Démonstration : Soit u une solution de l'équation précédente. Par la proposition 5.2.6, on sait que le processus :

$$M(s) = \beta_{t,s}\, u(t,X^{t,x}(s)) + \int_t^s \beta_{t,v}\left(\frac{\partial u}{\partial t} + Au - cu\right)(v,X^{t,x}(v))dv,$$

est une martingale pour $s \geq t$. En écrivant $\mathbf{E}(M(t)) = \mathbf{E}(M(T))$, et comme $\partial u / \partial t + Au - cu = f$ et $u(T, x) = g(x)$, on obtient:

$$u(t, x) = \mathbf{E}\left(\beta_{t,T}\, g(X^{t,x}(T)) - \int_t^T \beta_{t,s}\, f(X^{t,x}(s))ds\right).$$

$\square$

Remarque: Lorsque l'on pose $c = 0$ et $f = 0$ dans la formule de Feynman-Kac, on obtient, si u est une fonction régulière solution de:

$$\begin{cases} u(T, x) & = & g(x), \quad \text{pour } x \in \mathbf{R}^n, \\ \left(\dfrac{\partial u}{\partial t} + Au\right)(t, x) & = & 0, \quad \text{pour } (t, x) \in [0, T] \times \mathbf{R}^n, \end{cases}$$

que:

$$u(t, x) = \mathbf{E}\left(g(X^{t,x}(T))\right) = \mathbf{E}\left(g(X^x(T - t))\right).$$

On a ainsi une formule de représentation pour une classe de problèmes paraboliques. Cette équation s'appelle, traditionnellement, une équation de Kolmogorov rétrograde.

Remarque: Lorsqu'on s'intéresse à des équations d'évolution associées à un opérateur ne dépendant pas du temps et à un problème avec une condition initiale au lieu de terminale, on peut réexprimer le théorème de la façon suivante. Soit u une fonction (régulière) vérifiant:

$$\begin{cases} u(0, x) = g(x), \quad \text{pour } x \in \mathbf{R}^n, \\ \dfrac{\partial u}{\partial t} = Au - cu + f, \quad \text{dans } [0, T] \times \mathbf{R}^n, \end{cases}$$

alors pour tout $(t, x) \in [0, T] \times \mathbf{R}^n$:

$$u(t, x) = \mathbf{E}\left(\beta_{0,t}g(X^x(t)) - \int_0^t \beta_{0,s}f(X^x(s))ds\right).$$

Il suffit pour s'en convaincre de fixer t et de poser pour $s \leq t$, $v(s, x) = u(t - s, x)$. Il est alors facile d'établir une équation rétrograde vérifiée par v dont on connaît une représentation probabiliste. On conclut en utilisant l'homogénéité de la diffusion associée.

C'est cette dernière formule de représentation qui permet de retrouver le résultat du même type (proposition 5.1.11) obtenu pour le mouvement brownien.

5.2.4   Diffusions et Problèmes stationnaires

Nous allons maintenant donner une interprétation probabiliste des solutions d'équations stationnaires du type :

$$Au = f \text{ dans } D, \quad u = g \text{ dans } \partial D,$$

où D est un ouvert borné. On a le théorème suivant :

Théorème 5.2.8 *Soient f et g deux fonctions continues et bornées définies sur $\mathbf{R}^n$. Soit D un ouvert régulier de bord ∂D. Si u est une fonction continue bornée sur $\bar{D}$ de classe C^2 à dérivées bornées vérifiant :*

$$\begin{cases} Au(x) & = & f(x) \text{ dans } D, \\ u(x) & = & g(x) \text{ sur } \partial D, \end{cases}$$

si $X^x(t)$ est la solution unique de :

$$X(t) = x + \int_0^t b(X(s))ds + \int_0^t \sigma(X(s))dB(s),$$

et si $\tau^x = \inf\{t > 0, X^x(t) \notin D\}$ est tel que $\mathbf{E}(\tau^x) < +\infty$, alors :

$$u(x) = \mathbf{E}\left(g(X^x(\tau^x))\right) - \mathbf{E}\left(\int_0^{\tau^x} f(X^x(s))ds\right).$$

Démonstration : Comme u est de classe C^2 à dérivées bornées :

$$M(t) = u(X^x(t)) - \int_0^t Au(X^x(s))ds$$

est une martingale. On sait de plus que τ^x est un temps d'arrêt. En appliquant la proposition 5.1.7 au temps d'arrêt borné $\tau^x \wedge N$, on obtient :

$$u(x) = \mathbf{E}\left(u(X^x(\tau^x \wedge N))\right) - \mathbf{E}\left(\int_0^{\tau^x \wedge N} f(X^x(s))ds\right).$$

Maintenant, comme l'on a supposé que $\mathbf{E}(\tau^x) < +\infty$ et comme f et u sont continues et bornées, on peut passer à la limite lorsque N tend vers l'infini. On obtient alors :

$$u(x) = \mathbf{E}\left(g(X^x(\tau^x))\right) - \mathbf{E}\left(\int_0^{\tau^x} f(X^x(s))ds\right).$$

$\square$

Remarque : Les hypothèses du théorème sont trop fortes. Leur seule vertu est de faciliter la démonstration. Pour des résultats plus précis on consultera [BL78] ou [Fri75].

Remarque : Que ce soit pour les problèmes d'évolution ou pour les problèmes stationnaires, il n'est pas indispensable que la matrice $(a_{ij}(x))_{1 \leq i,j \leq n}$ soit définie positive pour tout x. C'est un des intérêts de ce genre de méthodes, en particulier pour les calculs numériques. En effet dans ce cas, les méthodes classiques de type éléments finis conduisent à l'inversion d'un système linéaire qui n'est pas strictement défini positif et qui est donc mal conditionné.

D'autre part, la formule de représentation probabiliste permet parfois de démontrer des résultats sur les équations aux dérivées partielles, en particulier dans des cas dégénérés. On peut, par exemple, démontrer des convergences de schémas numériques (non probabilistes) à l'aide de techniques probabilistes. On trouvera dans [Kus77] et [Kus90] des exemples de ces techniques.

5.2.5 Diffusion et équation de Fokker-Planck

Comme dans le cas des processus de transport on peut écrire une équation vérifiée par la densité de la loi de la diffusion à l'instant t. Cette équation est connue sous le nom d'équation de Fokker-Planck. Soit $(X(t), t \geq 0)$ la solution unique de :

$$dX(t) = b(X(t))dt + \sigma(X(t))dB(t), X(0) = X,$$

b et σ étant deux fonctions lipschitziennes et X une variable aléatoire de carré intégrable $\mathcal{F}_0$-mesurable admettant une densité $p_0(x)$. Le générateur infinitésimal A de cette diffusion est donné par :

$$Af(x) = \frac{1}{2} \sum_{i,j=1}^{n} a_{ij}(x) \frac{\partial^2 f}{\partial x_i \partial x_j}(x) + \sum_{j=1}^{n} b_j(x) \frac{\partial f}{\partial x_j}(x),$$

où $a_{ij}(x) = \sum_{k=1}^{p} \sigma_{ik}(x) \sigma_{jk}(x)$.

Comme dans le cas des processus de transport (voir page 37) l'équation suivante, facile à établir, est à la base de l'équation de Fokker-Planck. On note dans ce qui suit μ_t la loi de $X(t)$:

$$\mu_t(f) = \mathbf{E}\left(f(X(t))\right), \text{ pour } f \text{ continue et bornée.}$$

Théorème 5.2.9 *Soit f une fonction bornée de classe C^2 admettant des dérivées partielles d'ordre 1 et 2 bornées. Alors :*

$$\mu_t(f) = \mu_0(f) + \int_0^t \mu_s(Af) \, ds.$$

Démonstration: Comme f est de classe C^2 et admet des dérivées bornées, une application de la formule d'Itô (voir la proposition 5.2.3 dans le cas $n = p = 1$) montre que:

$$M(t) = f(X(t)) - f(X(0)) - \int_0^t Af(X(s))ds,$$

est une martingale. En écrivant que $\mathbf{E}\,(M(t)) = 0$, on obtient:

$$\mathbf{E}\,(f(X(t))) = \mathbf{E}\,(f(X(0))) + \mathbf{E}\left(\int_0^t Af(X(s))ds\right).$$

Le théorème de Fubini d'affirmer que:

$$\mathbf{E}\left(\int_0^t Af(X(s))ds\right) = \int_0^t \mathbf{E}\,(Af(X(s))ds),$$

puis de conclure.   □

Définissons maintenant l'opérateur adjoint A^* de A par:

$$A^*f(x) = \frac{1}{2}\sum_{i,j=1}^n \frac{\partial^2(a_{i,j}(x)f(x))}{\partial x_i \partial x_j} - \sum_{j=1}^n \frac{\partial(b_j(x)f(x))}{\partial x_j}.$$

Notons que si f et g sont deux fonctions de classe C^2 dont l'une au moins est à support compact, on a:

$$\int_{\mathbf{R}^n} (Af)(x)g(x)dx = \int_{\mathbf{R}^n} f(x)(A^*g)(x)dx.$$

On a alors le résultat suivant:

Corollaire 5.2.10 *Supposons que la loi de la variable aléatoire $X(t)$ admet une densité $p(t,x)$ de classe $C^{1,2}$, alors cette densité vérifie l'équation:*

$$\begin{cases} \dfrac{\partial p}{\partial t}(t,x) = (A^*p)(t,x) \text{ pour } t \geq 0, x \in \mathbf{R}^n \\ p(0,x) = p_0(x) \text{ p.s. en } x. \end{cases}$$

Démonstration: Soit f une fonction régulière à support compact, on a, d'après le théorème précédent:

$$\int_{\mathbf{R}^n} f(x)p(t,x)dx = \int_{\mathbf{R}^n} f(x)p_0(x)dx + \int_0^t \int_{\mathbf{R}^n} Af(x)p(s,x)dx.$$

Comme $f(.)$ et $p(t,.)$ sont régulières, et f à support compact, on en déduit que:

$$\int_{\mathbf{R}^n} Af(x)p(s,x)dx = \int_{\mathbf{R}^n} f(x)A^*p(s,x)dx.$$

Donc :

$$\int_{\mathbf{R}^n} f(x)p(t,x)dx = \int_{\mathbf{R}^n} f(x)p_0(x)dx + \int_0^t ds \int_{\mathbf{R}^n} f(x)A^*p(s,x)dx.$$

On en déduit le résultat en utilisant la régularité de p. □

Remarque : Notons que, sans aucune hypothèse de régularité, p reste une solution en un sens faible de l'équation de Fokker-Planck, puisque l'on a, pour toute fonction f C^∞ à support compact :

$$\int_{\mathbf{R}^n} f(x)p(t,x)dx = \int_{\mathbf{R}^n} f(x)p_0(x)dx + \int_0^t ds \int_{\mathbf{R}^n} (Af)(x)p(s,x)dx.$$

On peut de plus définir une distribution A^*p, pour toute fonction mesurable positive p, par dualité, en posant, si f est une fonction C^∞ à support compact :

$$< A^*p, f >= \int_{\mathbf{R}^n} p(x)(Af)(x)dx.$$

Avec cette définition, on voit que l'on a :

$$\int_{\mathbf{R}^n} f(x)p(t,x)dx = \int_{\mathbf{R}^n} f(x)p_0(x)dx + \int_0^t ds < A^*p(s,.), f > .$$

Ce qui est une façon d'écrire, au sens des distributions :

$$p(t,.) = p_0(.) + \int_0^t A^*p(s,.)ds.$$

Équation de Fokker-Planck stationnaire Notons, que lorsque le processus admet une loi de probabilité invariante $\mu_0(dx)$ (c'est à dire si, pour tout $t \geq 0$, et pour tout fonction mesurable f, $\mu_t(f) = \mathbf{E}\left(f(X(t))\right) = \mu_0(f)$), une application du théorème 5.2.9 montre que, pour f une fonction régulière, on a :

$$\mu_0(Af) = 0.$$

Si l'on suppose de plus que cette loi invariante admet une densité régulière $p_0(x)$ on voit qu'elle doit vérifier l'équation :

$$(A^*p_0)(x) = 0.$$

Cette équation s'appelle l'*équation de Fokker-Planck stationnaire*.

Exemple 9 En dimension 1 l'opérateur A^* prend la forme :

$$A^*f = \frac{1}{2}\frac{\partial^2(\sigma^2(x)f(x))}{\partial x^2} - \frac{\partial(b(x)f(x))}{\partial x}.$$

Ainsi pou le processus d'Ornstein-Uhlenbeck, solution de l'équation :

$$dX(t) = -cX(t)dt + \sigma dB(t),$$

l'opérateur A^* vaut :

$$A^* = \frac{1}{2}\sigma^2 \frac{\partial^2 f(x)}{\partial x^2} + c\frac{\partial(xf(x))}{\partial x}.$$

L'équation de Fokker-Planck s'écrit donc :

$$\begin{cases} \dfrac{\partial p}{\partial t}(t,x) = \dfrac{1}{2}\sigma^2 \dfrac{\partial^2 p(t,x)}{\partial x^2} + c\dfrac{\partial(xp(t,x))}{\partial x}, \\ p(0,x) = p_0(x). \end{cases}$$

L'équation de Fokker-Planck stationnaire prend, elle, la forme :

$$\frac{1}{2}\sigma^2 \frac{\partial^2 p_0(x)}{\partial x^2} + c\frac{\partial(xp_0(x))}{\partial x} = 0.$$

Remarque : Il est facile de vérifier que la fonction $f(x) = e^{-\frac{cx^2}{\sigma^2}}$ est une solution de l'équation de Fokker-Planck stationnaire. Ceci suggère fortement que la loi gaussienne centrée de variance $\frac{\sigma^2}{2c}$ est *invariante* pour ce processus : si $X(0)$ suit la loi précédente, la loi marginale $X(t)$ reste toujours égale à celle de $X(0)$. C'est effectivement le cas et ceci peut être prouvé, par exemple, par un raisonnement direct sur le processus.

Exemple 10 Soit U un fonction de $\mathbf{R}^n$ dans $\mathbf{R}^+$. On notera $\nabla U(x)$ son gradient au point x. Lorsque l'on considère la solution de l'équation :

$$dX(t) = -\nabla U(X(t))dt + \sigma dB(t),$$

l'opérateur A^* s'écrit :

$$A^* f(x) = \frac{1}{2}\sigma^2 \frac{\partial^2 f(x)}{\partial x^2} + \frac{\partial(\nabla U(x)f(x))}{\partial x}.$$

Il est alors facile de montrer que si U est régulière, la fonction :

$$f_0(x) = Ce^{-\frac{2U(x)}{\sigma^2}},$$

vérifie $A^* f_0(x) = 0$. Si U tend assez vite vers $+\infty$ lorsque $|x|$ tends vers $+\infty$, on peut trouver une constante C telle que $\int_{\mathbf{R}^n} f_0(x)dx = 1$. Dans ce cas, la probabilité $f_0(x)dx$ est aussi une loi invariante pour ce processus. On retrouve l'exemple précédent en posant $U(x) = c|x|^2/2$.

5.2.6 Applications en mathématiques financières

La formule de Feynman-Kac est très utilisée dans le domaine des mathématiques financières depuis les années 70. Nous donnons dans cette section quelques exemples de cette utilisation.

Un exemple de calcul d'option

Nous commençons par un exemple simple. Imaginons que l'on cherche à calculer le prix d'une option européenne qui promet $f(S(T))$ à l'instant T dans le modèle de Black et Scholes. Cela signifie que $(S(t), t \geq 0)$ est la solution unique de :

$$dS(t) = S(t) \left(rdt + \sigma dB(t) \right), S(0) = x$$

r et σ étant des réels positifs, $(B(t), t \geq 0)$ un mouvement brownien, f étant une fonction donnée. Lorsque $f(x) = (x - K)_+$ on parle d'un call et lorsque $f(x) = (K - x)_+$ d'un put. L'un des problèmes (voir, par exemple, [LL91] pour des informations plus précises sur le sujet) est de calculer le prix de cette option qui s'exprime sous la forme :

$$\mathbf{E} \left(e^{-rT} f(S(T)) \right).$$

En utilisant le théorème 5.2.7, on voit que ce prix est égal à $u(0, x)$ si u est une solution régulière de :

$$\begin{cases} \dfrac{\partial u}{\partial t} + \dfrac{\sigma^2}{2} x^2 \dfrac{\partial^2 u}{\partial x^2} + rx \dfrac{\partial u}{\partial x} - ru = 0 & \text{dans } [0, T] \times]0, +\infty[\\ u(T, x) = f(x), \ \forall x \in]0, +\infty[. \end{cases}$$

Le prix de cette option s'exprime ainsi à l'aide d'une solution d'une équation aux dérivées partielles.

Notons que nous avons vu dans l'exemple 7 que, en posant :

$$g(t, y) = x \exp \left(\left(r - \dfrac{\sigma^2}{2} \right) t + \sigma y \right),$$

$S(t)$ peut s'écrire $S(t) = g(t, B(t))$. Le prix de l'option prend donc la forme $\mathbf{E} \left(e^{-rT} g(T, B(T)) \right)$. Cette expression se prête bien à un calcul de type Monte-Carlo (et d'ailleurs à beaucoup d'autres méthodes numériques !). Nous avons déjà évoqué ce genre de problème dans le chapitre 1, page 8 et suivantes.

Remarque : Notons que le cas cité est très favorable à une méthode de simulation. En effet on doit simuler une fonction du mouvement brownien à l'instant final $e^{-rT} g(T, B(T))$. Comme la simulation de $B(T)$ pour un T unique fixé se fait sans difficulté, de façon exacte et très efficace, ceci ne pose aucun problèmes. Dans de nombreux cas, d'une part, on ne sait pas simuler le processus de façon exacte (c'est la cas lorsque l'on a affaire à un processus de diffusion compliqué); d'autre part il faut approximer une fonctionnelle $\psi(X(s), s \geq 0)$ par une quantité $\psi_n(X(t_1), \ldots, X(t_n))$ qui ne dépend que d'un nombre fini de valeurs de X. Ceci n'est pas toujours aisé. C'est le cas, par exemple, lorsque l'on cherche à évaluer le prix une option sur moyenne, c'est à dire lorsque l'on cherche à évaluer $\mathbf{E}\left(e^{-rT} f(I(T))\right)$, avec $I(T) = \frac{1}{T} \int_0^T S(s) ds$ où $(S(s), s \geq 0)$ suit le modèle de Black et Scholes.

Un calcul d'option en dimension grande

On suppose que le modèle d'actif est celui décrit dans l'exemple 8. Dans ce cadre on peut montrer qu'une option promettant $f(S_1(T), \ldots, S_N(T))$ à l'instant T vaut :

$$P = \mathbf{E}\left(e^{-rt} f(S_1(T), \ldots, S_N(T))\right).$$

Un exemple classique de ce genre de situation est le prix d'une option sur indice. L'indice est alors une pondération des prix des actifs $S_i(t)$:

$$I(t) = a_1 S_1(t) + \cdots + a_N S_N(t),$$

les $(a_i, 1 \leq i \leq N)$ étant des nombres réels positifs de somme 1. Un call sur l'indice $I(t)$ c'est à dire une option promettant $(I(T) - K)_+$ à l'instant T correspond au choix suivant de f :

$$f(x_1, \ldots, x_N) = (a_1 x_1 + \cdots + a_N x_N - K)_+.$$

Le problème du calcul de P est lié à une équation aux dérivées partielles (dans $\mathbf{R}^N$). En utilisant le théorème de Feynman-Kac 5.2.7, on peut montrer que si :

$$Af(x) = \sum_{i=1}^N r x_i \frac{\partial f}{\partial x_i}(x) + \frac{1}{2} \sum_{i,j=1}^N a_{ij} x_i x_j \frac{\partial^2 f}{\partial x_i x_j}(x),$$

où $a_{ij} = \sum_{k=1}^N \sigma_{ik} \sigma_{jk}$, et si u est solution régulière de l'équation aux dérivées partielles :

$$\begin{cases} \dfrac{\partial u}{\partial t} + Au - ru = 0 \quad \text{dans } [0, T] \times]0, +\infty[^N \\ u(T, x) = f(x), \ \forall x \in]0, +\infty[^N, \end{cases}$$

alors $P = u(0, S(0))$.

Remarque : Notons que dans ce cas on ne connaît pas de méthode numérique pour évaluer exactement le prix de cette option : il n'y a pas de formule explicite, et les méthodes numériques sont inopérantes vu la dimension (le nombre d'actif N est souvent supérieur à 40 et peut atteindre plusieurs centaines !) du problème parabolique à résoudre. Le recours à une méthode de Monte-Carlo (ou à une simplification du modèle) est indispensable dans ce cas.

Calcul d'une option sur moyenne

Un option sur moyenne promet à l'instant T le montant :

$$\left(\frac{1}{T}\int_0^T S(s)ds - K\right)_+.$$

Son prix M peut s'exprimer sous la forme :

$$M = \mathbf{E}\left(e^{-rT}\left(\frac{1}{T}\int_0^T S(s)ds - K\right)_+\right),$$

avec $(S(t), t \geq 0)$ qui suit le modèle de Black et Scholes :

$$dS(t) = S(t)\left(rdt + \sigma dB(t)\right), S(0) = x,$$

où $(B(t), t \geq 0)$ est un mouvement brownien sous une probabilité $\mathbf{P}$. On sait que l'on peut alors écrire $S(t)$ sous la forme :

$$S(t) = x\exp\left(\left(r - \frac{\sigma^2}{2}\right)t + \sigma B(t)\right).$$

On notera $I(t) = \int_0^t S(s)ds$. Notons que le couple $(S(t), I(t))$ est une diffusion, en effet :

$$\begin{cases} dS(t) = rS(t)dt + \sigma S(t)dB(t), \\ dI(t) = S(t)dt. \end{cases}$$

Le générateur infinitésimal associé à cette diffusion est donné par :

$$Af(x,y) = \frac{\sigma^2}{2}x^2\frac{\partial^2 f}{\partial x^2} + rx\frac{\partial f}{\partial x} + x\frac{\partial f}{\partial y}.$$

En utilisant le théorème 5.2.7 on peut affirmer que si $u(t,x,y)$ est une solution régulière de l'équation aux dérivées partielles :

$$\begin{cases} \dfrac{\partial u}{\partial t} + Au - ru = 0 \quad \text{dans } [0,T]\times]0,+\infty[^2 \\ u(T,x,y) = f(x,y), \ \forall x \in]0,+\infty[^2. \end{cases}$$

avec $f(x,y) = \left(\frac{y}{T} - K\right)_+$, alors :

$$M = u(0,x,0) = \mathbf{E}\left(e^{-rT}f\left(S(T), \int_0^T S(s)ds\right)\right).$$

On voit donc que le calcul du prix d'une option sur moyenne se ramène à la résolution d'une équation parabolique dans $\mathbf{R}^2$. Cette équation est cependant fortement dégénérée ce qui ne facilite pas sa résolution numérique.

On peut aussi représenter le prix d'une option sur moyenne à l'aide d'une équation parabolique en dimension 1 (cette représentation est tirée de [RS95]).

Proposition 5.2.11 *Si* $u(t, x)$ *est une solution régulière de l'équation aux dérivées partielles :*

$$\begin{cases} \dfrac{\partial u}{\partial t} - \left(\dfrac{1}{T} + rx\right) \dfrac{\partial u}{\partial x} + \dfrac{1}{2}\sigma^2 x^2 \dfrac{\partial^2 u}{\partial x^2} = 0 \quad \text{dans } [0, T] \times \mathbf{R} \\ u(T, x) = \max(0, -x), \ \forall x \in \mathbf{R}. \end{cases}$$

alors le prix de l'option sur moyenne vaut $M = xu(0, K/x)$.

Démonstration : Pour cela remarquons que, si l'on pose :

$$\xi(t) = \frac{K - \frac{1}{T}\int_0^t S(s)ds}{S(t)},$$

$(\xi(t), t \geq 0)$ est (en appliquant la formule d'Itô), solution de :

$$d\xi(t) = -\frac{1}{T}dt + \xi(t)(-\sigma dB(t) - rdt + \sigma^2 dt).$$

Comme $S_T = \exp\left(rT + \sigma B(T) - (\sigma^2 T)/2\right)$ on peut exprimer le prix M sous la forme (on note $x_- = \max(0, -x)$) :

$$M = \mathbf{E}\left(e^{-rT}S(T)\left(\xi(T)\right)_-\right) = \mathbf{E}\left(e^{\sigma B(T) - \frac{1}{2}\sigma^2 T}\left(\xi(T)\right)_-\right)$$

Or, en utilisant le théorème de Girsanov 5.4.3, qui est énoncé à la page 162, on voit que sous la probabilité $\tilde{\mathbf{P}}$ définie pour des variables aléatoires $\mathcal{F}_T$ mesurables, par :

$$d\tilde{\mathbf{P}} = e^{\sigma B(T) - \frac{1}{2}\sigma^2 T} d\mathbf{P},$$

$\tilde{B}(t) = B(t) - \sigma t$ est un mouvement brownien. On a donc :

$$d\xi(t) = -\left(\frac{1}{T} + r\xi(t)\right)dt - \xi(t)\sigma d\tilde{B}(t),$$

et :

$$M = \tilde{\mathbf{E}}\left(\left(\xi(T)\right)_-\right).$$

Le générateur de la diffusion $\xi(t)$ sous $\tilde{\mathbf{P}}$ étant :

$$-\left(\frac{1}{T} + rx\right)\frac{\partial u}{\partial x} + \frac{1}{2}\sigma^2 x^2 \frac{\partial^2 u}{\partial x^2},$$

une application de la formule de Feynman-Kac conduit au résultat.   □

5.3 Simulation des processus de diffusion

Dans cette partie, nous allons montrer comment on peut mettre en œuvre des méthodes de Monte-Carlo, en commençant par des cas simples (mouvement brownien) puis en généralisant à des diffusions.

Nous venons de voir que les solutions de certains problèmes d'équations aux dérivées partielles d'évolution ou elliptiques se représentent sous la forme d'une espérance d'une fonctionnelle d'une diffusion. On est ainsi amené à calculer des quantités du type :

$$\mathbf{E}\left(\psi(X(s), s \geq 0)\right),$$

où $(X(s), s \geq 0)$ est la solution d'une équation différentielle stochastique. Pour mettre en œuvre une méthode de Monte-Carlo à partir de la représentation précédente, on doit alors :

- simuler la trajectoire du processus. Notons que l'on ne peut simuler informatiquement cette trajectoire qu'en un nombre *fini* d'instants $0 \leq t_1 < t_2 < \cdots < t_n$. Ceci se fait, lorsque l'on ne connaît pas de solution explicite, à l'aide d'approximations d'équations différentielles stochastiques.

- approximer $\psi(X(s), s \geq 0)$ par une quantité du type ψ_n fonction uniquement de $X(t_1), \ldots, X(t_n)$. Cette étape est d'autant plus délicate que la fonctionnelle ψ est compliquée (par exemple si elle fait intervenir des temps d'arrêt, ...).

Le cas du mouvement brownien La diffusion la plus simple est le mouvement brownien réel. Il est à la base de la simulation approchée des diffusions plus complexes. La simulation du mouvement brownien $(B(t), 0 \leq t \leq T)$ à un instant T donné est très facile puisque la loi de $B(T)$ est celle d'une gaussienne centrée de variance T. De plus, comme le mouvement brownien est à accroissements indépendants, on peut ramener la simulation de la trajectoire en des instants $t_1 < t_2 < \cdots < t_n$ au problème précédent en posant :

$$B(t_1) = \sqrt{t_1}\, g_1,$$
$$\cdots$$
$$B(t_k) - B(t_{k-1}) = \sqrt{t_k - t_{k-1}}\, g_k,$$
$$\cdots$$
$$B(t_n) - B(t_{n-1}) = \sqrt{t_n - t_{n-1}}\, g_n,$$

où $(g_1, \cdots, g_n)$ sont n gaussiennes centrées de variance 1 et indépendantes. Notons que, en procédant ainsi, on simule de façon exacte la loi du n-uplet $(B(t_1), B(t_2), \ldots, B(t_n))$. Ceci ne sera plus le cas pour les méthodes de simulation des équations différentielles stochastiques que nous évoquons dans la suite.

Lorsqu'on cherche à simuler une solution d'équation différentielle stochastique et que l'on ne sait pas exprimer cette solution de façon simple à l'aide du mouvement brownien, on a recours à des approximations. Nous allons évoquer, maintenant, les méthodes les plus simples de simulation de solutions d'équations différentielles stochastiques : le schéma d'Euler et le schéma de Milshtein.

Nous supposerons, dans ce qui suit, que l'on cherche à calculer la solution d'un problème parabolique représentée à l'aide du processus de diffusion à valeurs dans $\mathbf{R}^n$ solution de :

$$dX(t) = b(X(t))dt + \sigma(X(t))dB(t), X(0) = x,$$

b étant une fonction de $\mathbf{R}^n$ dans $\mathbf{R}^n$, σ une application de $\mathbf{R}^n$ dans $\mathbf{R}^{n \times p}$ et $(B(t), t \geq 0)$ un mouvement brownien p-dimensionnel.

5.3.1   Le schéma d'Euler

Le schéma le plus simple est le schéma d'Euler. On se donne un pas de temps h strictement positif et l'on calcule une approximation $\bar{X}$ du processus X au instant $t_k = kh$, $k \geq 0$, en posant $\bar{X}(0) = x$ et pour $k > 1$:

$$\bar{X}((k+1)h) = \bar{X}(kh) + b\left(\bar{X}(kh)\right) h + \sigma\left(\bar{X}(kh)\right) \left(B((k+1)h) - B(kh)\right).$$
$$(5.11)$$

Il s'agit de la généralisation naturelle aux équations différentielles stochastiques du schéma d'Euler que l'on utilise pour les équations différentielles ordinaires. Notons que les variables aléatoires $(B((k+1)h) - B(kh), k \geq 0)$ sont des variables aléatoires gaussiennes centrées de matrice de variances-covariances $h\mathrm{Id}$ (Id étant la matrice identité de $\mathbf{R}^p$). Cette suite de variables aléatoires étant très facile à simuler, la mise en œuvre informatique de ce schéma est aisée.

Le théorème suivant énonce un résultat de convergence pour ce schéma et évalue la précision de l'approximation.

Théorème 5.3.1 *Soient b et σ deux fonctions lipschitziennes. Soit $(B(t), t \geq 0)$ un mouvement brownien p-dimensionnel. On note $(X(t), t \geq 0)$ la solution unique de :*

$$dX(t) = b(X(t))dt + \sigma(X(t))dB(t), X(0) = x,$$

et $(\bar{X}(kh), k \geq 0)$ la suite de variables aléatoires définies par l'équation (5.11). Alors, pour tout $q \geq 1$:

- $\mathbf{E}\left(\sup_{k, kh \leq T} \left|X(kh) - \bar{X}(kh)\right|^{2q}\right) \leq Ch^q,$

- *en particulier, si $h = T/N$, $\mathbf{E}\left(\left|X(T) - \bar{X}(T)\right|^{2q}\right) \leq Ch^q,$*

- *de plus, pour tout $\alpha < 1/2$, presque sûrement :*

$$\lim_{h \to 0} h^\alpha \sup_{k, kh \leq T} \left|\bar{X}(kh) - X(kh)\right| = 0,$$

- *enfin, si b et σ sont des fonctions de classe C^4 admettant des dérivées jusqu'à l'ordre 4 bornées, si f est une fonction de classe C^4 admettant des dérivées jusqu'à l'ordre 4 à croissance polynomiale, alors, si $h = T/N$, il existe une constante C_T telle que :*

$$\left| \mathbf{E}\left(f(X(T))\right) - \mathbf{E}\left(f(\bar{X}(T))\right) \right| \leq \frac{C_T}{N}.$$

Remarque : Le théorème montre que la vitesse de convergence dans L^2 est d'ordre $h^{1/2}$ et que la vitesse de convergence presque sûre d'ordre $h^{1/2-\epsilon}$, pour tout $\epsilon > 0$. Le second résultat affirme que pour des fonctions très régulières, la vitesse de convergence en loi du schéma est d'ordre h.

On pourra trouver une preuve détaillée de ce résultat dans [Fau92b],[Fau92a] et [Tal86].

5.3.2   Le schéma de Milshtein

Il existe des améliorations notables du schéma d'Euler pour les équations différentielles ordinaires (Runge Kutta, ...). De nombreux schémas d'ordre supérieur ont été proposés pour les équations différentielles stochastiques, mais ils sont souvent difficiles à mettre en œuvre. On pourra consulter à ce sujet [KP92], [PT85] et [Tal95].

Le plus connu de ces schémas est le schéma de Milshtein. Il permet (le plus souvent) d'obtenir une convergence trajectorielle d'ordre $h^{1-\epsilon}$, $\epsilon > 0$.

Le cas de la dimension 1   Nous commençons par l'expliciter dans le cas où $n = p = 1$. On procède de la façon suivante, on pose $\bar{X}(0) = x$ et pour $k > 1$:

$$\bar{X}((k+1)h) = \bar{X}(kh) + b\left(\bar{X}(kh)\right)h + \sigma\left(\bar{X}(kh)\right)(B((k+1)h) - B(kh))$$

$$+ \sigma'(\bar{X}(kh))\sigma(\bar{X}(kh))\int_{kh}^{(k+1)h}(B(s) - B(kh))\,dB(s).$$

$$(5.12)$$

Remarque : On peut comprendre l'apparition du terme supplémentaire (par rapport au schéma d'Euler) en considérant ce qui se passe pour l'équation :

$$dX(t) = \sigma(X(t))dB(t).$$

Le schémas d'Euler peut s'étendre, en notant $t_k = kh$, à tous les instants t de $[t_k, t_{k+1}]$ en posant :

$$\bar{X}(t) = \bar{X}(t_k) + \sigma\left(\bar{X}(t_k)\right)(B(t) - B(t_k)).$$

$\bar{X}(t)$ fournit sur l'intervalle $[t_k, t_{k+1}]$ une approximation de $X(t)$ meilleure que $\bar{X}(t_k)$, on peut donc espérer que $\sigma(\bar{X}(t))$ sera une meilleure approximation de $\sigma(X(t))$ que $\sigma(\bar{X}(t_k))$. Un schéma naturel d'ordre supérieur est donc :

$$\bar{X}(t) = \bar{X}(t_k) + \int_{t_k}^{t} \sigma\left(\bar{X}(s)\right) dB(s).$$

Mais, en première approximation :

$$\sigma\left(\bar{X}(t)\right) = \sigma\left(\bar{X}(t_k) + \sigma\left(\bar{X}(t_k)\right)(B(t) - B(t_k))\right)$$
$$\approx \sigma\left(\bar{X}(t_k)\right) + \sigma'\left(\bar{X}(t_k)\right)\sigma\left(\bar{X}(t_k)\right)(B(t) - B(t_k)).$$

Ce qui conduit au schéma :

$$\bar{X}(t) = \bar{X}(t_k) + \sigma\left(\bar{X}(t_k)\right)(B(t) - B(t_k))$$
$$+ \sigma\left(\bar{X}(t_k)\right)\sigma'\left(\bar{X}(t_k)\right)\int_{t_k}^{t}(B(s) - B(t_k))\,dB(s).$$

On retrouve ainsi le schéma de Milshtein déjà présenté lorsque la dérive b est nulle. Le terme dominant de l'erreur étant lié au mouvement brownien il n'est pas étonnant que le terme de dérive b n'ajoute pas de terme correctif du même ordre de grandeur.

D'un point de vue pratique il est crucial de noter que l'on peut obtenir, en utilisant la formule d'Itô :

$$\int_{kh}^{(k+1)h}(B(s) - B(kh))\,dB(s) = \frac{1}{2}\left((B((k+1)h) - B(kh))^2 - h\right).$$

Ceci permet de réécrire le schéma de Milshtein se met alors sous la forme :

$$\bar{X}((k+1)h) = \bar{X}(kh) + \left(b\left(\bar{X}(kh)\right) - \frac{1}{2}\sigma'(\bar{X}(kh))\sigma(\bar{X}(kh))\right)h$$
$$+ \sigma\left(\bar{X}(kh)\right)(B((k+1)h) - B(kh))$$
$$+ \frac{1}{2}\sigma'(\bar{X}(kh))\sigma(\bar{X}(kh))(B((k+1)h) - B(kh))^2.$$

On voit, sur cette forme, que ce schéma est facile à mettre en œuvre, puisque il suffit de savoir simuler la suite des $(B((k+1)h) - B(kh), k \geq 0)$.

Exemple 11 Donnons un exemple simple d'utilisation des schémas d'Euler et de Milshtein. Considérons le processus de Black et Scholes :

$$dS_t = S_t\left(r dt + \sigma dB(t)\right), S(0) = x.$$

Si l'on pose $\Delta B_k = B((k+1)h) - B(kh)$, le schéma d'Euler prend la forme :

$$\bar{X}((k+1)h) = \bar{X}(kh)\left(rh + \sigma\Delta B_k\right).$$

Le schéma de Milshtein s'écrit quand à lui :

$$\bar{X}((k+1)h) = \bar{X}(kh)\left(\left(r - \frac{1}{2}\sigma^2\right)h + \sigma\Delta B_k + \frac{1}{2}\sigma^2(\Delta B_k)^2\right).$$

Le cas des dimensions supérieures à 1. Lorsque p, la dimension du mouvement brownien conduisant l'équation différentielle stochastique, est supérieure à 1 cette méthode est plus délicate à mettre en œuvre. Le schéma se présente, alors, de la façon suivante :

$$\bar{X}((k+1)h) = \bar{X}(kh) + b\left(\bar{X}(kh)\right)h + \sigma\left(\bar{X}(kh)\right)(B((k+1)h) - B(kh))$$

$$+ \sum_{j,l=1}^{p}(\partial\sigma_j\sigma_l)\left(\bar{X}(kh)\right)\int_{kh}^{(k+1)h}(B_j(s) - B_j(kh))\,dB_l(s),$$

$$(5.13)$$

avec, pour $1 \leq i \leq n$:

$$(\partial\sigma_j\sigma_l)_i = \sum_{r=1}^{n}\frac{\partial\sigma_{ij}}{\partial x_r}\sigma_{rl}.$$

Remarque : Cette forme du schéma de Milshtein se prête difficilement à la simulation. En effet, il faut être en mesure de simuler le vecteur formé des variables aléatoires :

$$\left(B_j((k+1)h) - B_j(kh)\,,\int_{kh}^{(k+1)h}(B_j(s) - B_j(kh))\,dB_l(s)\right),$$

pour $1 \leq j \leq p, 1 \leq l \leq p$. Lorsque $p = 2$, ceci revient à savoir simuler le triplet :

$$\left(B_1(h), B_2(h), \int_0^h (B_1(s)dB_2(s) - B_2(s)dB_1(s))\right).$$

Or on ne connaît pas, à ce jour, de méthode permettant de simuler efficacement ce triplet.

Le schéma de Milshtein est utilisé essentiellement lorsqu'il est possible d'éliminer le problème précédent. Cela recouvre le cas de la dimension 1, mais c'est aussi celui où la condition de commutativité suivante est vérifiée :

(C)   Pour tout j, k dans $\{1, \dots, p\}$ et pour tout $x \in \mathbf{R}^n$:
$$\partial\sigma_j(x)\sigma_k(x) = \partial\sigma_k(x)\sigma_j(x).$$

Sous l'hypothèse (C) il est facile de vérifier que l'on peut réécrire le schéma de Milshtein sous la forme :

$$
\begin{aligned}
\bar{X}((k+1)h) = \bar{X}(kh) + & \left(b\left(\bar{X}(kh)\right) - \frac{1}{2}\sum_{j=1}^{p}(\partial\sigma_j\sigma_j)(\bar{X}(kh)) \right) h \\
& + \sigma\left(\bar{X}(kh)\right)\left(B((k+1)h) - B(kh)\right) \\
& + \frac{1}{2}\sum_{j,l=1}^{p}\left(\partial\sigma_j\sigma_l\right)(\bar{X}(kh)) \times \\
& \quad \times \left(B_j((k+1)h) - B_j(kh)\right)\left(B_l((k+1)h) - B_l(kh)\right).
\end{aligned}
$$

On voit que la simulation de ce schéma se ramène alors à celle des variables aléatoires :

$$
\left((B_j((k+1)h) - B_j(kh)), k \geq 0, 1 \leq j \leq p\right).
$$

Le théorème suivant précise la vitesse de convergence de ce schéma.

Théorème 5.3.2 *On suppose que b et σ sont des fonctions deux fois continuement différentiables admettant des dérivées bornées. On note $(X(t), t \geq 0)$ la solution unique de l'équation :*

$$
dX(t) = b(X(t))dt + \sigma(X(t))dB(t), X(0) = x,
$$

et $(\bar{X}(kh), k \geq 0)$ la suite de variables aléatoires définies par le schéma de Milshtein (5.13). Alors :

- *pour tout $q \geq 1$ $\displaystyle\sup_{k,kh\leq T} \mathbf{E}\left(\left|X(kh) - \bar{X}(kh)\right|^q\right) \leq Ch^q$,*

- *en particulier, si $h = T/N$, $\mathbf{E}\left(\left|X(T) - \bar{X}(T)\right|^q\right) \leq Ch^q$.*

- *pour tout $\alpha < 1$, on a :*

$$
\lim_{h\to 0}\frac{1}{h^\alpha}\sup_{k,kh\leq T}\left|X(kh) - \bar{X}(kh)\right| = 0,
$$

de plus, si b et σ sont des fonctions de classe C^4 admettant des dérivées jusqu'à l'ordre 4 bornées et si f est une fonction de classe C^4 admettant des dérivées jusqu'à l'ordre 4 à croissance polynomiale alors, si $h = T/N$, alors il existe une constante $C_T > 0$ telle que :

$$
\left|\mathbf{E}\left(f(X(T))\right) - \mathbf{E}\left(f(\bar{X}(T))\right)\right| \leq \frac{C_T}{N}.
$$

Remarque : Notons que le résultat est vrai sans l'hypothèse de commutativité (C).

Pour une démonstration de ce résultat voir [Fau92b], [Fau92a] et [Tal86].

Le schéma de Milshtein améliore la vitesse de convergence *trajectorielle* du schéma d'Euler puisque cette vitesse est d'ordre h dans L^2 et d'ordre $h^{1-\epsilon}$ presque sûrement, pour tout $\epsilon > 0$. Par contre, la vitesse de convergence en *loi* pour des fonctions régulières reste identique c'est à dire d'ordre h. Lorsqu'on emploie des méthodes de Monte-Carlo la vitesse de convergence pertinente est celle de la convergence en loi. De ce point de vue, le résultat précédent semble indiquer que le schéma de Milshtein n'améliore pas de façon sensible l'ordre de convergence du schéma d'Euler pour les fonctionnelles du type $f(X(T))$.

Autres méthodes

On vient de voir qu'il était facile d'obtenir une vitesse de convergence d'ordre $\sqrt{h}$ à l'aide du schéma d'Euler et d'ordre h grâce au schéma de Milshtein. Il est tentant de construire des schémas d'ordre supérieur plus précis. Cependant un résultat dû à Clark et Cameron (voir [CC80] ou [Fau92b]) prouve, au sens de la norme L^2, la quasi-optimalité du schéma d'Euler dans un cas général parmi tous les schémas ne faisant intervenir que les variables aléatoires $(B(kh), k \geq 0)$. De même on peut montrer que, en dimension 1 ou sous l'hypothèse (C), dans les mêmes conditions, le schéma de Milshtein est quasi optimal.

On peut, cependant, construire des généralisations du schéma de Milshtein admettant un ordre de convergence trajectoriel arbitraire, mais ces schémas utilisent des intégrales itérées du mouvement brownien d'ordre supérieur que l'on ne sait que très difficilement simuler (voir [KP92] à ce sujet).

On pourra consulter [Tal95] et [KP92], pour un point complet sur ces autres méthodes de discrétisation d'équations différentielles stochastiques. On trouvera les démonstrations des théorèmes énoncés dans [Fau92b], [Fau92a], [Tal86] ou [KP92].

5.4 Méthodes de réduction de variance

Certaines techniques de réduction de variance présentées dans le chapitre 1 peuvent être exploitées de façon efficace pour les processus de diffusions. Nous étudierons ici des techniques de variables de contrôle et de fonctions d'importance. Pour un traitement plus approfondi de ces questions on consultera [New94] et [Wag88]. Cette section s'inspire largement de [New94].

5.4.1 Variables de contrôle et représentation prévisible

On cherche à évaluer par une méthode de Monte-Carlo, une espérance du type:

$$\mathbf{E}(Z),$$

où $Z = \psi(X(s), 0 \leq s \leq T)$ et $(X(s), s \geq 0)$ qui est solution de l'équation différentielle stochastique :

$$dX(t) = b(X(t))dt + \sigma(X(t))dB(t), \ X(0) = x.$$

Pour simplifier les notations, nous supposerons que les processus $(X(t), t \geq 0)$ et $(B(t), t \geq 0)$ prennent leurs valeurs dans $\mathbf{R}$. Rappelons que la technique de variable de contrôle (voir page 11) consiste à soustraire une variable aléatoire Y d'espérance explicitement calculable :

$$\mathbf{E}(Z) = \mathbf{E}(Z - Y) + \mathbf{E}(Y),$$

de façon à avoir $\mathrm{Var}(Z-Y)$ très inférieure à $\mathrm{Var}(Z)$. Cette technique est particulièrement facile à mettre en œuvre lorsque $\mathbf{E}(Y) = 0$. On construit facilement à l'aide du mouvement brownien des variables aléatoires de moyenne nulle. En effet si $(H(s), 0 \leq s \leq T)$ est un processus adapté tel que $\mathbf{E}\left(\int_0^T H(s)^2 ds\right) < +\infty$, on a (voir page 124) : :

$$\mathbf{E}\left(\int_0^T H(s)dB(s)\right) = 0.$$

Le théorème suivant prouve que l'on peut espérer annuler en théorie (et diminuer en pratique) la variance de la variable aléatoire Z à l'aide d'une variable de contrôle qui est une intégrale stochastique.

Théorème 5.4.1 *Soit Z une variable aléatoire telle que $\mathbf{E}(Z^2) < +\infty$. Supposons de plus que Z est mesurable par rapport à la tribu $\sigma(B(s), s \leq T)$. Alors il existe un processus $(H(t), t \leq T)$ adapté à $\sigma(B(s), s \leq t)$, vérifiant $\mathbf{E}\left(\int_0^T H(s)^2 ds\right) < +\infty$ et tel que :*

$$Z = \mathbf{E}(Z) + \int_0^T H(s)dB(s).$$

Ce théorème est une variante du théorème dit "de représentation prévisible" dont on trouvera la démonstration dans [RY91] ou [KS88].

Remarque : Il convient de noter que Z doit être mesurable par rapport à la *filtration naturelle* du mouvement brownien.

Ce théorème permet d'affirmer que, en principe, on peut annuler la variance de Z. Cependant, le calcul explicite de $(H(s), s \leq T)$ est délicat (en fait plus compliqué que le calcul de $\mathbf{E}(Z)$!). On trouvera une formule pour $H(s)$ faisant intervenir le gradient de Malliavin et l'espérance conditionnelle dans [New94]. Cette formule est cependant difficilement exploitable (voir [New94] pour des méthodes générales d'approximation). Ces méthodes sont souvent très lourdes numériquement et on a plutôt recours à des techniques empiriques guidées par le problème étudié en pratique.

On peut cependant montrer que, pour certains problèmes paraboliques dont la représentation est obtenue par le théorème de Feynman-Kac, le processus $(H(t), t \leq T)$ peut se mettre sous la forme $H(t) = v(t, X(t))$, v étant une fonction de t et de x. Le théorème suivant précise ce point.

Théorème 5.4.2 *Soit b et σ deux fonctions lipschitziennes, soit $(X(t), t \geq 0)$ la solution unique de :*

$$dX(t) = b(X(t))dt + \sigma(X(t))dB(t), X(0) = x.$$

Notons A le générateur infinitésimal de la diffusion :

$$Af(x) = \frac{1}{2} \sum_{i,j=1}^{n} a_{ij}(x) \frac{\partial^2 f}{\partial x_i \partial x_j}(x) + \sum_{j=1}^{n} b_j(x) \frac{\partial f}{\partial x_j}(x),$$

où $a_{ij}(x) = \sum_{k=1}^{p} \sigma_{ik}(x)\sigma_{jk}(x)$.

Supposons que u soit une fonction de classe $C^{1,2}$ admettant des dérivées en x bornées solution de l'équation aux dérivées partielles suivante :

$$\begin{cases} \left(\dfrac{\partial u}{\partial t} + Au \right)(t,x) & = & f(x), \quad \text{pour } (t,x) \in [0,T] \times \mathbf{R}^n, \\ u(T,x) & = & g(x), \quad \text{pour } x \in \mathbf{R}^n. \end{cases}$$

Alors si $Z = g(X(T)) - \int_0^T f(X(s))ds$ et $Y = \int_0^T \frac{\partial u}{\partial x}(s, X(s))dB(s)$, on a :

$$\mathbf{E}(Z) = Z - Y.$$

Ceci signifie que la variable aléatoire Y fournit une variable de contrôle parfaite pour Z.

Démonstration : En appliquant la formule d'Itô à $u(t, X(t))$ on obtient :

$$du(t, X(t)) = \left(\frac{\partial u}{\partial t} + Au \right)(t, X(t))dt + \frac{\partial u}{\partial x}(t, X(t))dB(t).$$

En intégrant entre 0 et T, en prenant l'espérance des deux membres de l'égalité et comme u est solution de l'équation aux dérivées partielles, on obtient :

$$u(0, x) = Z - Y = \mathbf{E}(Z).$$

$\square$

Remarque : Lorsqu'on cherche à calculer $\mathbf{E}(Z)$ pour obtenir la solution d'une équation parabolique, ce théorème permet de restreindre la classe dans laquelle on cherche $H(t)$. Évidemment la formule explicite faisant intervenir une dérivée partielle de x est difficilement exploitable, puisque elle nécessite la résolution d'un problème plus compliqué que le calcul d'espérance initial.

Dans la pratique on peut procéder de la façon suivante. Si l'on cherche à calculer $u(0, x) = \mathbf{E}(Z)$ avec $Z = g(X(T)) - \int_0^T f(X(s))ds$ et que l'on connaît une approximation grossière $\bar{u}$ de u il est naturel de poser comme variable de contrôle :

$$Y = \int_0^T \frac{\partial \bar{u}}{\partial x}(t, X(t))dB(t).$$

Notons que quel que soit le choix de $\bar{u}$, on obtient un estimateur sans biais de $\mathbf{E}(Z)$ en posant $Z' = Z - Y$. Si le choix de $\bar{u}$ est raisonnable on peut espérer améliorer sensiblement la variance de l'estimateur.

5.4.2   Exemples d'utilisation de variables de contrôle

Exemple 1   Imaginons que l'on cherche à calculer un prix d'option dans un modèle de Black et Scholes dont la volatilité σ est aléatoire. Cela signifie que le prix de l'actif $(S(t), t \geq 0)$ est la solution de l'équation différentielle stochastique :

$$dS(t) = S(t)\left(rdt + \sigma(t)dB(t)\right), S(0) = x,$$

et que $\sigma(t)$ est la solution d'une autre équation différentielle stochastique, par exemple :

$$d\sigma(t) = b(\sigma(t))dt + c(\sigma(t))dB'(t), \sigma(0) = \sigma,$$

$(B(t), t \geq 0)$ et $(B'(t), t \geq 0)$ étant deux browniens indépendants. On cherche à calculer :

$$\mathbf{E}\left(e^{-rT}f(S(T))\right).$$

Si la variation attendue de $\sigma(t)$ n'est pas trop importante, il est possible d'utiliser comme variable de contrôle $e^{-rT}f(\bar{S}(T))$, avec $\bar{S}(T)$ solution de :

$$dS(t) = S(t)\left(rdt + \sigma dB(t)\right), S(0) = x.$$

Exemple 2   On utilise parfois pour des calculs de produits financiers la méthode suivante. Supposons que l'actif $(S(t), t \geq 0)$ sur lequel porte le produit optionnel soit solution d'une équation différentielle stochastique. Supposons, de plus, que le prix de l'option que l'on cherche à calculer puisse s'exprimer sous la forme $C(t, S(t))$ (ce qui est très courant). Souvent on peut trouver une approximation grossière de $C(t,x)$ par une fonction que l'on sait calculer explicitement $\bar{C}(t,x)$. On procède alors de la façon suivante, on simule le processus S aux instants $(t_k = kh, 0 \leq k \leq N)$ à l'aide par exemple du schéma d'Euler $(\bar{S}(kh), 0 \leq k \leq N)$. On peut alors utiliser comme variable de contrôle :

$$Y = \sum_{k=1}^{N} \frac{\partial \bar{C}}{\partial x}(t_k, \bar{S}_{t_k}) \left((\bar{S}_{t_{k+1}} - \bar{S}_{t_k}) - \mathbf{E}\left(\bar{S}_{t_{k+1}} - \bar{S}_{t_k}\right) \right).$$

Il est souvent facile de calculer $\mathbf{E}\left(\bar{S}_{t_{k+1}} - \bar{S}_{t_k}\right)$ ce qui conduit à une variable de contrôle Y explicite et d'espérance nulle. Si $\bar{C}$ est roche de C, et si N est suffisamment grand, on peut espérer un gain sensible pour la méthode de Monte-Carlo.

Exemple 3 Dans cet exemple, nous cherchons à calculer le prix d'une option sur moyenne. Nous avons vu, dans la section 5.2.6, que ce prix s'écrit sous la forme :

$$M = \mathbf{E}\left(e^{-rT} \left(\frac{1}{T} \int_0^T S(s)ds - K \right)_+ \right),$$

où S est le processus de Black et Scholes :

$$S(t) = x \exp\left(\left(r - \frac{\sigma^2}{2} \right) t + \sigma B(t) \right).$$

Lorsque σ et r ne sont pas trop grands, on peut espérer que :

$$\frac{1}{T} \int_0^T S(s)ds \text{ "n'est pas trop éloigné" de } \exp\left(\frac{1}{T} \int_0^T \log(S(s))ds \right).$$

Cet argument heuristique permet de penser que la variable aléatoire :

$$Y = e^{-rT} \left(\exp(Z) - K \right)_+,$$

avec $Z = \frac{1}{T} \int_0^T \log(S(s))ds$, peut jouer le rôle de variable de contrôle. La variable aléatoire Z étant une variable gaussienne, on sait calculer explicitement :

$$\mathbf{E}\left(e^{-rT} \left(\exp(Z) - K \right)_+ \right).$$

Cette méthode, proposée par [KV90], se révèle particulièrement efficace lorsque σ est de l'ordre de 0.5, r de l'ordre de 0.1 et T de l'ordre de 1 an (ces ordres de grandeurs sont typiques de ceux utilisés pour des modélisations financières). Pour de grandes valeurs de σ ou pour des valeurs de T plus grandes le gain est moins notable.

5.4.3   Fonction d'importance et théorème de Girsanov

Une autre méthode s'applique de façon simple aux problèmes de diffusion, il s'agit d'une variante de la technique des fonctions d'importance (voir page 9). En effet, on peut utiliser un théorème classique de la théorie des diffusions, le théorème de Girsanov, pour identifier des classes de fonctions d'importance intéressantes.

Pour une diffusion, on peut construire une méthode d'échantillonnage préférentiel de la façon suivante. On se donne une fonctionnelle $\psi(x(s), 0 \leq s \leq T)$ de la trajectoire d'un processus de diffusion. On cherche alors à évaluer :

$$\mathbf{E}(Z),$$

où $Z = \psi(X(s), 0 \leq s \leq T)$ et $(X(s), s \geq 0)$ est un processus de diffusion construit sur un espace de probabilité $\mathbf{P}$. On va définir une nouvelle mesure de probabilité $\tilde{\mathbf{P}}$ à partir de $\mathbf{P}$ en posant :

$$d\tilde{\mathbf{P}} = \theta d\mathbf{P},$$

θ étant une variable aléatoire strictement positive d'intégrale 1. Lorsque l'on calcule une espérance sous la nouvelle probabilité $\tilde{\mathbf{P}}$, on note $\tilde{\mathbf{E}}$ cette espérance. On a, ainsi, pour tout variable aléatoire Y positive ou intégrable :

$$\tilde{\mathbf{E}}(Y) = \mathbf{E}(\theta Y).$$

ou encore :

$$\mathbf{E}(Z) = \tilde{\mathbf{E}}\left(\theta^{-1} Z\right).$$

Pour utiliser ce genre de transformation de façon opératoire en simulation, on doit être en mesure de simuler le produit $\theta^{-1} Z$ sous la nouvelle probabilité $\tilde{\mathbf{P}}$. Dans le cas des processus de diffusion, c'est le théorème de Girsanov qui va nous le permettre.

Théorème 5.4.3 (Théorème de Girsanov) *Soit $(B(t), t \geq 0)$ un mouvement brownien à valeurs dans $\mathbf{R}^n$ par rapport à une filtration $(\mathcal{F}_t, t \geq 0)$. Soit $(h(t), t \leq T)$ un processus à valeurs dans $\mathbf{R}^n$ adapté à la filtration $\mathcal{F}_t$ et tel que, presque sûrement :*

$$\int_0^T |h(s)|^2 ds < +\infty.$$

On pose :

$$\mu_T = \exp\left(\int_0^T h(s)dB(s) - \frac{1}{2}\int_0^T |h(s)|^2 ds\right).$$

et :

$$\tilde{B}(t) = B(t) - \int_0^T h(s)ds.$$

Alors si $\mathbf{E}(\mu_T) = 1$ *et* $\tilde{\mathbf{P}} = \mu_T \mathbf{P}$, *le processus* $(\tilde{B}(t), 0 \leq t \leq T)$ *est un mouvement brownien sous la probabilité* $\tilde{\mathbf{P}}$.

On trouvera une démonstration de ce résultat dans [RY91] ou [KS88].
Remarque : On peut vérifier que $\mathbf{E}(\mu_T) = 1$ si $(h(t), t \geq 0)$ est un processus borné. Plus généralement on peut montrer que ce résultat reste vrai s'il existe une constante $c > 0$ telle que :

$$\sup_{0 \leq t \leq T} \mathbf{E}\left(e^{c|h(t)|^2}\right) < +\infty.$$

Supposons que $(X(t), t \geq 0)$ est la solution unique de :

$$dX(t) = b(X(t))dt + \sigma(X(t))dB(t), X(0) = x,$$

avec b et σ des fonctions lipschitziennes et $(B(t), t \geq 0)$ un mouvement brownien. Si on se donne $(h(t), t \geq 0)$ un processus tel que $\mathbf{E}(\mu_T) = 1$, alors X est aussi solution de :

$$dX(t) = (b(X(t))dt - \sigma(X(t))h(t))\, dt + \sigma(X(t))d\tilde{B}(t), X(0) = x,$$

avec $(\tilde{B}(t), 0 \leq t \leq T)$ qui est un mouvement brownien sous la probabilité $\tilde{\mathbf{P}}$. Il est donc envisageable de simuler le processus X sous la nouvelle probabilité $\tilde{\mathbf{P}}$. Ceci est particulièrement facile lorsque $h(t)$ est de la forme $v(t, X(t))$, v étant une fonction de t et de x, car X vérifie, alors, une équation différentielle stochastique classique. Dans ce cas, comme $\mathbf{E}(Z) = \tilde{\mathbf{E}}\left(\mu_T^{-1}Z\right)$, on peut utiliser la transformation précédente pour construire une méthode de réduction de variance.

La proposition suivante montre que l'on peut, sous des hypothèses très larges, espérer annuler la variance de la nouvelle variable aléatoire $\mu_T^{-1}Z$ et donne des idées sur la façon de la diminuer en pratique.

Proposition 5.4.4 *Soit Z une variable aléatoire de la forme $Z = \psi(X(s), 0 \leq s \leq T)$ telle que $\mathbf{E}\left(Z^2\right) < +\infty$ et $\mathbf{P}\left(Z \geq \epsilon\right) = 1$, pour un $\epsilon > 0$. Définissons $h(t)$ par :*

$$h(t) = -\frac{H(t)}{\mathbf{E}\left(Z|\mathcal{F}_t\right)},$$

où $(H(t), 0 \leq t \leq T)$ un processus adapté vérifiant :

$$Z = \mathbf{E}(Z) + \int_0^T H(s)dB(s).$$

Posons :

$$\mu_T = \exp\left(-\int_0^T h(s)dB(s) - \frac{1}{2}\int_0^T |h(s)|^2 ds\right),$$

alors $\mathbf{E}(\mu_T) = 1$ *et l'on a* :

$$\mathbf{E}\,(Z) = \tilde{\mathbf{E}}\,\left(\mu_T^{-1}Z\right) \ et \ \tilde{\mathbf{P}}\,\left(\mu_T^{-1}Z = \mathbf{E}\,(Z)\right) = 1.$$

Remarque : Du point des méthodes de Monte-Carlo, cela signifie que, si l'on sait simuler $\mu_T^{-1}Z$ sous $\tilde{\mathbf{P}}$, on a ainsi un estimateur de variance nulle.

Démonstration : Posons :

$$\phi(t) = \frac{\mathbf{E}\,(Z|\mathcal{F}_t)}{\mathbf{E}\,(Z)}.$$

On a :

$$\phi(t) = 1 + \int_0^t \frac{H(s)}{\mathbf{E}\,(Z)}dB(s) = 1 - \int_0^t \phi(s)h(s)dB(s).$$

On en déduit que presque sûrement sous $\mathbf{P}$, et aussi sous $\tilde{\mathbf{P}}$:

$$\phi(T) = \exp\left(-\int_0^T h(s)dB(s) - \frac{1}{2}\int_0^T |h(s)|^2 ds\right) = \mu_T.$$

Comme $\phi(T) = Z/\mathbf{E}\,(Z)$ on en déduit le résultat. $\qquad\qquad\square$

Remarque : Évidemment, le calcul effectif de $h(t)$ cité dans ce théorème est très difficile. Comme dans le cas des méthodes de variables de contrôle on utilise des méthodes intuitives pour trouver des candidats acceptables pour réduire la variance. On trouvera dans [New94] des techniques d'approximation.

Remarque : Dans certains cas, comme dans le cas des variables de contrôle, on peut prouver que le processus $h(t)$ est de la forme $v(t, X(t))$. Considérons, par exemple, la cas important où l'on cherche à évaluer :

$$\mathbf{E}\,(f(X(T))),$$

f étant une fonction positive bornée. Nous avons vu que si u est une fonction de classe $C^{1,2}$ admettant des dérivées en x bornées solution de l'équation aux dérivées partielles suivante :

$$\left\{\begin{array}{rcl} u(T,x) & = & f(x), \quad \text{pour } x \in \mathbf{R}^n, \\ \left(\dfrac{\partial u}{\partial t} + Au\right)(t,x) & = & 0, \quad \text{pour } (t,x) \in [0,T] \times \mathbf{R}^n, \end{array}\right.$$

où A est l'opérateur différentiel associé à la diffusion X, issue du point x à l'instant initial, on a :

$$u(t, X(t)) = u(0, x) + \int_0^T \frac{\partial u}{\partial x}(s, X(s))\sigma(X(s))dB(s).$$

De la propriété de martingale de l'intégrale stochastique on déduit que $(u(t, X(t)), 0 \le t \le T)$ est une martingale. Ceci permet d'affirmer que :

$$\mathbf{E}\left(f(X(T)|\mathcal{F}_t\right) = \mathbf{E}\left(u(T, X(T))|\mathcal{F}_t\right) = u(t, X(t)).$$

On a donc, en particulier :

$$f(X(T)) = \mathbf{E}\left(f(X(T))\right) + \int_0^T \frac{\partial u}{\partial x}(s, X(s))\sigma(X(s))dB(s).$$

Comme de plus $\mathbf{E}\left(f(X(T))|\mathcal{F}_t\right) = u(t, X(t))$ on peut expliciter (en fonction de u) le processus $h(t)$ qui permet d'annuler la variance :

$$h(t) = -\frac{\frac{\partial u}{\partial x}(s, X(s))\sigma(X(s))}{u(t, X(t))}.$$

En particulier $h(t)$ est bien de la forme $v(t, X(t))$.

Dans ce cas, si l'on connaît une approximation, même grossière, $\bar{u}(t, x)$ de $u(t, x)$, une façon naturelle de tenter de réduire la variance, est de substituer la fonction $\bar{u}$ à u à dans la formule précédente. On pourra consulter, à ce sujet, l'article [FLT96] qui montre comment des techniques de grandes déviations permettent d'obtenir une telle approximation et son utilisation pour réduire la variance.

5.5 Commentaires bibliographiques

Pour une introduction générale aux processus aléatoires et, en particulier, aux diffusions on pourra lire [Bou88]. Pour approfondir ses connaissance sur le mouvement brownien et les processus de diffusion on pourra consulter [KS88] ou [RY91]. Les liens entre processus de diffusions et équations aux dérivées partielles sont traités en profondeur dans [Fri75], [BL78], [Dur84] et [Dau89]. Le lecteur intéressé par les applications en finance pourra consulter la section 5.8 de [KS88] et [LL91]. Sur la discrétisation des équations différentielles stochastiques on peut se référer à [PT85], [Tal95] et aux pages 148-196 de [GKM+96]. A ce jour, [KP92] est le seul livre consacré à ce sujet. On trouvera dans [BT92] et [GKM+96] des exemples de représentation d'équations aux dérivées partielles non linéaires à l'aide de processus de diffusion et de méthodes de Monte-Carlo associées.

Bibliographie

[Aa85]   R. Alcouffe et al., editeurs. *Monte-Carlo methods and Applications in Neutronics*, Lectures Notes in Physics. Springer, 1985.

[Alo93]   F. Alouges. Implementation sur ipsc 860 d'une méthode de Monte–Carlo pour la résolution de l'équation de Boltzmann. Technical Report 2724, Note CEA, mai 1993.

[Ark81]   L. Arkeryd. Intermolecular forces of infinite range and the Boltzmann equation. *Arch. Rational Mech. Analysis*, 77:11–21, 1981.

[Bab86]   H. Babovsky. On a simulation scheme for the Boltzmann equation. *Math. Meth. App. Sci.*, 8:223–233, 1986.

[BDTP94] J.F. Bourgat, L. Desvilettes, P. Le Tallec, et B. Perthame. Microreversible collisions for polyatomic gases and Boltzmann's theorem. *Eur. J. Mech. B/Fluids*, 1994.

[BFS87]   P. Bratley, B.L. Fox, et E.L. Schrage. *A Guide to Simulation*. Springer Verlag, New York, 2nd edition, 1987.

[Bin84]   K. Binder. *Application of the Monte-Carlo Methods in Statistical Physics*. Springer Verlag, 1984.

[Bir63]   G.A. Bird. Direct simulation Monte-Carlo method. *Physics of Fluids*, 6:1518, 1963.

[Bir76]   G.A. Bird. *Molecular gas dynamics*. Clarendon Press, Oxford, 1976.

[Bir91]   C. Birdsall. Particle in cell charged particles simulations. *IEEE Trans. Plasma Sc.*, 19:p 65, 1991.

[BL75]   C. Borgnakke et P.S. Larsen. Statistical collision model for Monte Carlo simulations. *J. Comput. Physics*, 18:405–420, 1975.

[BL78]   A. Bensoussan et J.L. Lions. *Application des inéquations variationnelles en contrôle stochastique*. Dunod, 1978.

[BL82]   A. Bensoussan et J.L. Lions. *Contrôle impulsionnel et inéquations quasivariationnelles.* Dunod, 1982.

[BL93]   N. Bouleau et D. Lepingle. *Numerical Methods for Stochastic Process.* John Wiley and Son, Inc., 1993.

[Boo85]   T.E. Booth. A sample problem for variance reduction in m.c.n.p. Technical Report 10363, Los Alamos Report, 1985.

[Bou86]   N. Bouleau. *Probabilités de l'Ingénieur.* Hermann, 1986.

[Bou88]   N. Bouleau. *Processus Stochastiques et Applications.* Hermann, 1988.

[Bré81]   P. Brémaud. *Point Processes and Queues.* Springer, 1981.

[Bre68]   L. Breiman. *Probability.* Addison–Wesley, 1968.

[BT92]   N. Bouleau et D. Talay, editeurs. *Probabilités numériques.* INRIA, 1992.

[BTTQ92] J.F. Bourgat, P. Le Tallec, D. Tidriri, et Y. Qiu. Numerical coupling of nonconservative or kinetic models with navier-stokes. Dans D.E. Keyes et T.F. Chan, editeurs, *Domain Decomposition Methods for P.D.E.* SIAM, 1992.

[Caf80]   R. E. Caflisch. The fluid dynamic limit of the non linear Boltzmann equation. *Comm. Pure and Appl. Math.*, 33:651–666, 1980.

[CC80]   J.M.C. Clark et R.J. Cameron. The maximum rate of convergence of discrete approximation for stochastic differential equations. Dans B.Grigelionis, editeur, *Lecture Notes in Control and Information Sciences, Stochastic Differential Systems*, volume 25, Berlin, 1980. Springer Verlag.

[Cer88]   C. Cercignani. The Boltzmann equation and its applications. *Appl. Math.*, 67, 1988.

[Cin75]   E. Cinlar. *Introduction to Stochastic Processes.* Prentice Hall, 1975.

[CIPag]   C. Cercignani, R. Illner, et M. Pulverenti. *The Mathematical Theory of Dilute Gases.* Number 106 in Applied Mathematical Sciences. 1994, New York, Springer-Verlag.

[Coc77]   W.G. Cochran. *Sampling Techniques.* John Wiley and Sons, 1977.

[Dau89]   R. Dautray, editeur. *Méthodes Probabilistes pour les équations de la physique.* Collection CEA. Eyrolles, Paris, 1989.

[Dev86]   L. Devroye. *Non Uniform Random Variate Generation.* Springer Verlag, New York, 1986.

[DL84]   R. Dautray et J.L. Lions. *Analyse mathématique et calcul numé-rique*. Masson, Paris, 1984. Tome 9 : numérique, transport.

[DP95]   L. Desvilettes et R. Peralta. A vectorizable simulation method for the Boltzmann equation. *Math. Modelling and Numerical Anal.*, 1995.

[Dur84]   R. Durrett. *Brownian Motion and Martingales in Analysis*. Wadsworth, 1984.

[EK86]   S. Ethier et T. Kurtz. *Markov Processes*. Wiley, 1986.

[Fau92a]   O. Faure. Numerical pathwise approximation of stochastic differential equation. *Applied Stochastic Models and Data Analysis*, 1992.

[Fau92b]   O. Faure. *Simulation du mouvement brownien et des diffusions*. PhD thesis, Thése de Doctorat de l'Ecole Nationale des Ponts et Chaussées, 1992.

[FLT96]   E. Fournié, J.M. Lasry, et N. Touzi. Large deviations, small noise expansion and variance reduction. *preprint*, 1996.

[Fri75]   A. Friedman. *Stochastic Differential Equations and Application*, volume Volume 1 et 2. Academic Press, New York, 1975.

[GKM⁺96]   C. Graham, T. Kurtz, S. Méléard, P. Protter, M. Pulvirenti, et D. Talay. *Probabilistic Models for Nonlinear PDE's and Numerical Applications*. Number 1627 in Lecture Notes in Mathematics. Springer-Verlag, 1996. CIME Summer School, D. Talay and L. Tubaro (Eds.).

[GM95]   C. Graham et S. Méléard. Convergence rate on path space for stochastic particle approximations to the Boltzmann equation. Technical report, CMAP – Ecole Polytechnique, 1995.

[GNS90]   F. Gropengiesser, H. Neunzert, et J. Struckmeier. Computational methods for the the Boltzmann equations. Dans R. Spigler, editeur, *The State of Art in Appl. and Industrial Maths*. Kluver Acad. Pub., 1990.

[Gru71]   F.A. Grunbaum. Propagation of chaos for the Boltzmann equation. *Arch. Rational Mech. Analysis*, 42:323–345, 1971.

[GS87]   J. Giorla et R. Sentis. A random walk method for solving radiative transfer equations. *J. Comp. Physics*, 70:145–165, 1987.

[HE81]   R.W. Hockney et J.R. Eastwood. *Computer Simulation using particles*. Mc Graw Hill, 1981.

[HH64]   J.M. Hammersley et D.C. Handscomb. *Monte Carlo Methods.*
            Chapman and Hall, 1964.

[IN87]   R. Illner et H. Neunzert. On the simulation methods for the Boltz-
            mann equation. *Transport Theory Stat. Ph.*, 16:141–154, 1987.

[IR88]   M.S. Ivanov et S.V. Rogasinsky. Analysis of numerical techniques
            of the direct Monte Carlo simulation method. *Sov. J. nmer. Anal.
            Math. Modelling*, 3:453–465, 1988.

[Kac56]   M. Kac. Foundations of kinetic theory. proc. Dans *Third Berkeley
            Symposium on Math. Statistics*, volume Vol III. Univ Calif., 1956.

[KN74]   L. Kuipers et H. Neiderreiter. *Uniform Distribution of Sequences.*
            Wiley, 1974.

[Knu81]   D.E. Knuth. *The Art of Computer programming, Seminumerical
            Algorithms*, volume 2. Addison-Wesley, 1981.

[KP92]   P.E. Kloeden et E. Platen. *Numerical Solution of Stochastic Diffe-
            rential Equations.* Springer Verlag, 1992.

[KS88]   I. Karatzas et S.E. Shreve. *Brownian Motion and Stochastic Cal-
            culus.* Springer-Verlag, New-York, 1988.

[KT81]   S. Karlin et H. Taylor. *A Second Course in Stochastic Processes.*
            Acad. Press, 1981.

[Kus77]   H.J. Kushner. *Probability Methods for Approximations in Stochas-
            tic Control and for Elliptic Equations.* Academic Press, New York,
            1977.

[Kus90]   H.J. Kushner. *Weak Convergence Methods and Singularly Pertur-
            bed Stochastic Control and Filtering Problems.* Birkhäuser, 1990.

[KV90]   A.G.Z Kemma et A.C.F. Vorst. A pricing method for options based
            on average asset values. *J. Banking Finan.*, pages 113–129, March
            1990.

[KW86]   M.H. Kalos et P.A. Whitlock. *Monte Carlo Methods, volume I:
            Basics.* John Wiley and Sons, 1986.

[L'E90]   P. L'Ecuyer. Random numbers for simulation. *Communications of
            the ACM*, 33(10), Octobre 1990.

[LL91]   D. Lamberton et B. Lapeyre. *Une Introduction au calcul Stochas-
            tique Appliquée à la Finance.* Collection Mathématiques et Appli-
            cations. Ellipse, 1991.

[MC94]   W.J. Morokoff et R.E. Caflish. Quasi random sequences and their
           discrepancies. *SIAM J.Sci.Computing*, 15(6):1251–1279, November
           1994.

[Mor55]   D. Morgenstern. Analytical studies related to the Maxwell–Boltz-
           mann equation. *J. rat. Mech. Analysis*, 4:533–555, 1955.

[Mor84]   B.J.T. Morgan. *Elements of Simulation.* Chapman and Hall, Lon-
           don, 1984.

[MU49]   N. Metroplis et S.M. Ulam. The Monte Carlo method. *J. Amer.
           Statist. Assoc.*, 44:335–349, 1949.

[MW96]   S. Mischler et B. Wennberg. On the homogeneous Boltzmann equa-
           tion. *Prépublication du laboratoire d'Analyse Numérique de Paris
           6*, 1996.

[Nan80]   K. Nanbu. Direct simulation schemes derived from the Boltzmann
           equation. *J. Phys. Japan*, 49:2042, 1980.

[Nei92]   H. Neiderreiter. *Random Number Generation and Quasi Monte
           Carlo Methods.* Society for Industrial and Applied mathematics,
           1992.

[New94]   N.J. Newton. Variance reduction for simulated diffusions. *SIAM
           J. Appl. Math.*, 54(6):1780–1805, 1994.

[Nov72]   A.A. Novikov. On an identity for stochastic integrals. *Theory
           Probab. Appl.*, 17:717–720, 1972.

[NP92]   J. Neveu et E. Pardoux. Modèles de diffusion. Cours de l'Ecole
           Polytechnique, 1992.

[NS93]   T. N'Kaoua et R. Sentis. A new time discretization for the radiative
           tranfer equations. *SIAM J. Numer Analysis*, 30:733–748, 1993.

[Pap75]   G.C. Papanicolaou. Asymptotic analysis of transport processes.
           Bull. Amer. Math. Soc., 81:p 330–392, 1975.

[Par93]   E. Pardoux. Evolutions aléatoires et équations de transport. Cours
           de l'Ecole Polytechnique, 1993.

[Pin91]   M. Pinsky. *Lectures on Random Evolution.* World Scientific, 1991.

[PL89]   R. Di Perna et P.L. Lions. On the Cauchy problem for Boltzmann
           equations. *Annals of Mathematics*, 130:321–366, 1989.

[PT85]   E. Pardoux et D. Talay. Approximation and simulation of solutions
           of stochastic differential equation. *Acta Applicandae Math.*, 3:23–
           47, 1985.

[PTFV92]   W.H. Press, S.A. Teukolsky, B.P. Flannery, et W.T. Vetterling.
           Numerical Recepies. Cambridge University Press, 1992.

[PWR94]   M. Pulvirenti, W. Wagner, et M.B. Zavelani Rossi. Convergence
           of particle schemes for the Boltzmann equation. *Eur. J. Mech.
           B/Fluids*, 13, 1994.

[Rav85]   P.A. Raviart. An analysis of particle methods. Dans F. Brezzi,
           editeur, *Numerical methods in Fluid Dynamics*, volume 1127 de
           Lectures Notes in Math. Springer, 1985.

[Rip87]   B.D. Ripley. *Stochastic Simulation.* John Wiley and Sons, 1987.

[RS91]   E. Ringeissen et R. Sentis. On the diffusion approximation of
           a transport process without time scaling. *Asymptotic Analysis*,
           5:145–159, 1991.

[RS95]   L.C.G. Rogers et Z. Shi. The value of an asian option. *J. Appl.
           Probab.*, 32(4):1077–1088, 1995.

[Rub81]   R. Y. Rubinstein. *Simulation and the Monte Carlo Method.* John
           Wiley and Sons, 1981.

[RW94]   L.C.G. Rogers et D. Williams. *Diffusions, Markov Processes and
           Martingales, Volume 1, Foundations, Seconde Edition.* John Wiley
           and Sons, New York, 1994.

[RY91]   D. Revuz et M. Yor. *Continuous Martingales and Brownian Mo-
           tion.* Springer Verlag, Berlin Heidelberg, 1991.

[SD]   R. Sentis et S. Dellacherie. Sur un traitement de collisions réactives
           ou nucléaires par des opérateurs de type Boltzmann. Note CEA.

[Sed87]   R. Sedgewick. *Algorithms.* Addison–Wesley, 1987.

[SG69]   J. Spanier et E. Gelbard. *Monte Carlo principles and Neutron
           Transport Problems.* Series in Computer Science and Information
           Processing. Addison–Wesley, Reading, 1969.

[SM94]   J. Spanier et E. Maze. Quasi-random methods for estimating in-
           tegrals using relatively small samples. *Siam Review*, 36(1):18–44,
           March 1994.

[Szn84]   A.S. Sznitman. Equations de type de Boltzmann spatialement
           homogènes. *Z. Wahrscheinlichkeitstheorie v. Gebiete*, 66:559–592,
           1984.

[Tal86]   D. Talay. Discrétisation d'une Équation différentielle stochastique
           et calcul approché d'espérances de fonctionnelles de la solution.
           Mathematical Modelling and Numerical Analysis, 20:141–179, 1986.

[Tal95]   D. Talay. Simulation and numerical analysis of stochastic diffe-
            rential systems: a review. Dans P. Krée et W. Wedig, editeurs,
            Probabilistic Methods in Applied Physics, volume 451 de *Lecture
            Notes in Physics*, chapter 3, pages 54–96. Springer-Verlag, Berlin
            Heidelberg, 1995.

[Wag88]   W. Wagner. Monte Carlo evaluation of functionals of stochastic
            differential equations-variance reduction and numerical examples.
            Stochastic Analysis and Applications, 6:447–468, 1988.

[Wag89]   W. Wagner. Unbiased Monte-Carlo estimators for fonctionals of
            weak solutions of stochastic differential equations. *Stochastic and
            Stochastics Reports*, 28:1–20, 1989.

[Wag92]   W. Wagner. A convergence proof for Bird's Monte Carlo method
            for the Boltzmann equation. *J. Statistical Physics*, 66:1011–1044,
            1992.

Index

Déjà parus dans la même collection

Printing: Druckhaus Beltz, Hemsbach
Binding: Buchbinderei Schäffer, Grünstadt

Printed in the United States
By Bookmasters